U0173657

潮州文化丛书·第一辑

潮州菜

《潮州文化丛书》编纂委员会　编

许永强　著

SPM 南方传媒　广东人民出版社
·广州·

图书在版编目（CIP）数据

潮州菜 / 许永强著. —广州：广东人民出版社，2021.7（2023.6重印）
（潮州文化丛书 · 第一辑）
ISBN 978-7-218-14805-2

Ⅰ.①潮… Ⅱ.①许… Ⅲ.①饮食—文化—潮州 Ⅳ.①TS971.202.653

中国版本图书馆CIP数据核字（2020）第257658号

封面题字：汪德龙

CHAOZHOUCAI
潮州菜
许永强 著

出 版 人：肖风华

出版统筹：卢雪华
责任编辑：卢雪华 李宜励
封面设计：书窗设计工作室
版式设计：友间文化
责任技编：吴彦斌 周星奎

出版发行：广东人民出版社
地 址：广州市越秀区大沙头四马路10号（邮政编码：510199）
电 话：（020）85716809（总编室）
传 真：（020）83289585
网 址：http://www.gdpph.com
印 刷：广州市人杰彩印厂
开 本：787mm × 1092mm 1/16
印 张：17 字 数：150千
版 次：2021年7月第1版
印 次：2023年6月第2次印刷
定 价：89.00元

如发现印装质量问题，影响阅读，请与出版社（020-85716849）联系调换。
售书热线：020-85716833

《潮州文化丛书》编纂委员会

总序

坚定文化自信 打造沿海经济带上的特色精品城市

◎李雅林

文化是民族的血脉，是人民的精神家园。2020年10月12日，习近平总书记视察潮州，指出："潮州是一座有着悠久历史的文化名城，潮州文化是岭南文化的重要组成部分，是中华文化的重要支脉。"千百年来，这座古城一直是历代郡、州、路、府治所，是古代海上丝绸之路的重要节点，是世界潮人根祖地和精神家园。它文化底蕴深厚，历史遗存众多，民间艺术灿烂多姿，古城风貌保留完整，虽历经岁月变迁王朝更迭，至今仍浓缩凝聚历朝文脉而未绝，特别是以潮州府城为中心的众多文化印记，诉说着潮州悠久的历史文化，刻录下潮州的发展变迁，彰显了潮州的文明进步。

灿烂的岁月，簇拥着古城潮州进入一个新的历史发展时期。改革大潮使历史的航船驶向一个更加辉煌的世纪。习近平总书记强调，文化自信是更基础、更广泛、更深厚的自信，是更基本、更深沉、更持久的力量。坚定中国特色社会主义道路自信、理论自信、制度自信，说到底是要坚定文化自信。党的十九大向全党全国人民发出了“坚定文化自信，推动社会主义文化繁荣兴盛”的伟大号召，开启了新时代中国走向社会主义文化强国的新征程。潮州市委、市政府认真按照省委“1+1+9”工作部署和关于“打造沿海经济带上的特色精品城市”的发展定位，趁势而为，坚持走“特、精、融”发展之路，突出潮州的优势和特点，把文化建设放在经济社会发展的重要位置，加强文化建设规划，加大文化事业投入，激活潮州文化传承创新“一池春水”，增强潮州城市文化软实力和综合竞争力，推动潮州文化大繁荣大发展，为经济社会发展提供坚实的文化支撑。

历史沉淀了文化，文化丰富了历史。为进一步擦亮“国家历史文化名城”这张城市名片，打造潮州民间工艺的“硅谷”和粤东文化高地，以“潮州文化”IP引领高品质生活新潮流，在全省乃至全国范围内形成一道独特而亮丽的潮州文化风景线，2019年，潮州市印发了《关于进一步推动潮州文化繁荣发展的意见》。2020年开始，中共潮州市委宣传部启动编撰《潮州文化丛书》这一大型文化工程，对潮州文化进行一次全方位的梳理和归集，旨在以推出系列丛书的方式来记录潮州重要的历史人物事件和优秀民间文化，让潮州沉甸甸的历史文化得到更好的传承和弘扬。这不仅为宣传弘扬潮州文化提供了很好的载体，也是贯彻落实习近平新时代中国特色社会主义思想和党的十九大精神的一个有力践行，是全面开展文化创造活动、推动潮州地域文化建设与发展的一件大事和喜事。

文化定义着城市的未来。编撰《潮州文化丛书》是一项长期的文化工程，对促进潮州经济、社会、政治、文化建设具有积极的现实意义和深远的历史意义。作为一部集思想性、科学性、资料性、可读性为一体的“百科全书”，内容涵括潮州工艺美术、潮商文化、宗教信仰、饮食文化、经济金融、赏玩器具、民俗文化、文学风采和名胜风光等等，可谓荟萃众美，雅俗共赏。这套丛书的出版，既是潮州作为历史文化名城的生动缩影，又是潮州对外展现城市形象最直观的窗口。

“千古文化留遗韵，延续才情展新风”。《潮州文化丛书》的编撰出版，是对潮州文化的系统总结和传统文化的大展示大检阅，是对潮州文化研究和传统文化教育的重要探索和贡献。习近平总书记对潮州文化在岭南文化和中华文化体系中的地位给予的高度肯定，更加坚定了我们的文化自信，为进一步推动潮州文化事业高质量发展提供了根本遵循。希望全市宣传文化部门能以《潮州文化丛书》的编撰出版为契机，牢记习近平总书记的谆谆教导和殷切期望，乘势而上，起而行之，进一步落实市委“1+5+2”工作部署，积极融入“粤港澳大湾区”建设，围绕“一核一带一区”区域发展格局，推动文化“走出去”，画好“硬内核、强输出”的文化辐射圈，使这丰富的文化资源成为巨大的流量入口。希望本丛书能引发全社会对文化潮州的了解和认同，以此充分发掘潮州优秀传统文化的历史意义和现实价值，推动优秀传统文化创造性转化和创新性发展，创造出符合时代特征的新的文化产品，推出一批知名文化团体和创意人才，形成一批文化产业龙头企业，打造一批展现文化自信和文化魅力的文化品牌，开创文学大盛、文化大兴、文明大同的新局面，为把潮州打造成为沿海经济带上的特色精品城市、把潮州建设得更加美丽提供坚实的思想保障。

自序

◎许永强

我于2001年3月写作出版了《潮州菜》一书后，很快在社会上引起了广泛关注。该书畅销大江南北，以至反复再版，仍供不应求。同年八月，第八届国际潮人联谊会在北京人民大会堂隆重召开，潮州市人民政府把《潮州菜》一书作为礼物，送给来自世界各地的与会代表。2004年10月，我应新加坡潮州八邑会馆的邀请，前往新加坡讲学和示范潮州菜的制作方法。新加坡当地华人对中华民族传统文化有着深厚感情，十分喜爱《潮州菜》一书，反复叮嘱我要多带该书前往，以至最后将600多套《潮州菜》由集装箱运至新加坡，仍被抢阅一空。

清华大学一攻读法律专业的研究生给我写了一封信，说他阅读完《潮州菜》后，觉得全书的精华在前半部分对潮州饮食文化的论述。有一位伟人说过越是具有地方性的文化，越是具有世界性。我想这就是《潮州菜》一书受欢迎的最根本原因。

2020年10月12日，习近平总书记视察潮州时指出，潮州是一座有着悠久历史的文化名城，潮州文化是岭南文化的重要组成部分，是中华文化的重要支脉。千百年来，潮州这座古城，一直是历代郡、州、路、府治所，是古代海上丝绸之路的重要节点，是世界潮州人的根祖地和精神家园。潮州文化底蕴十分深厚，而其中的饮食文化作为潮州众多灿烂传统文化之一，正是在潮州这一方古老的土地上孕育、发展起来的。2020年开始，中共潮州市委宣传部启动编撰《潮州文化丛书》这一大型文化工程，并将《潮州菜》这本书作为《潮州文化丛书·第一辑》的组成部分，加以修订出版。

《潮州菜》一书在此次修订充实出版的过程中，得到中共潮州市委宣传部、潮州市高级技工学校、潮州市厨师协会的大力支持和帮助，特别是新加坡潮州八邑会馆永远名誉会长吴南祥先生，多年来热情关心家乡的文化事业，对本书的修订出版给予极大关注和支持，在此一并表示衷心的感谢。

目录

目录

第二章 潮州菜烹饪原料

目录

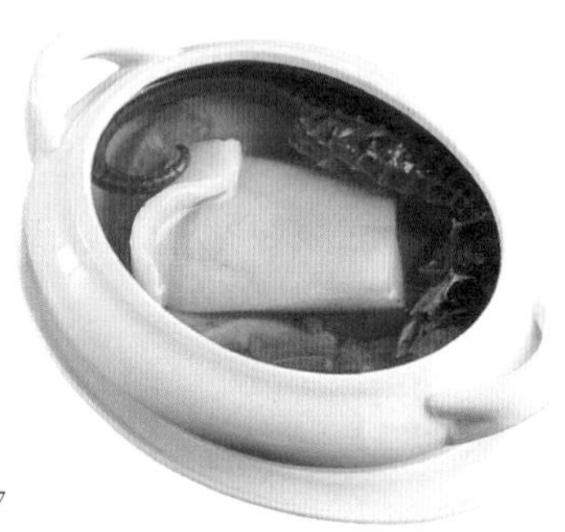

第三章 潮州菜名菜菜谱

目录

CHAPTER 1

第一章 潮州菜概述

一 潮州菜形成、发展的四个阶段

潮州菜是指形成于广东省东部地区的一个地方菜系。按地域划分，潮州地区属广东省，因此从菜系分类上说，潮州菜也是粤菜的一个组成部分。

20世纪80年代初，潮州菜开始从中国众多菜系中脱颖而出，潮州菜馆、潮州酒楼、潮州小食街，如雨后春笋般涌现在中国的大江南北，甚至东南亚各国、欧美一带也纷纷办起潮州酒楼，并且在当地颇受欢迎。一时间，潮州菜誉满环球，历久不衰。那么，作为一种地方菜的潮州菜，是什么原因使它受到海内外人们的青睐和欢迎呢？这里的原因是多方面的，诸如潮籍华侨定居世界各地，分布极广，潮籍华侨喜欢自己的家乡菜，这是理所当然的，但更为重要的应该是潮州菜那悠久的历史渊源和独特的风味特色。

人们常说“巧妇难为无米之炊”，可见，任何一种饮食文化，都必须是以丰富的物质资源作为基础的。今天我们探讨潮州菜的产生，

潮州地区东南边缘是漫长的海岸线，面对一碧万倾的南海

同样必须从它的地理生态环境、自然物质资源入手。

潮州地区指粤东一带使用潮州方言的地区，包括现在的潮州市、汕头市、揭阳市及汕尾市部分地区，因历史上政治、经济文化中心都在潮州府城，故习惯称潮州地区。潮州地区位于广东省的东部，总面积10多万平方公里，东南边缘是漫长的海岸线，面对一碧万顷的南海。山地和丘陵约占总面积的70%，有韩江、榕江、练江三条大河贯穿全区，这三条大河各自在其河谷、河口冲积成平原，这些平原约占30%。从地理气候来看，潮州地区处在热带和亚热带之间，北回归线刚好从潮州地区中部穿过，因此，潮州地区的气候有两大最突出的特点，第一是夏天长冬天暖，春天来得早，而且阳光充足，气温偏高。潮州地区每年夏季长达半年以上，一般在农历四月开始，一直到十月才渐入秋季，而且由于受海洋性气候影响，虽然是夏季，但高温的日子却不多。第二是每年雨水充足，潮州平原中部每年的降水量平均接近1700毫米。

历史悠久的文化古城潮州

潮州地区的地理自然环境，使得它具有丰富的物产资源。漫长的海岸线，纵横交错的江河湖泊，盛产着各种各样的水产品；温暖多雨的亚热带气候，又使蔬菜水果等农作物长年不断；山地、丘陵、平原

潮州地区盛产各种各样的蔬菜

等地形，更是适合各种各样家畜动物的生长。我们根据已故的韩山师范学院生物学家吴修仁对潮州地区动植物资源的长期考察，得知潮州地区现在的动植物资源是十分丰富的，已经鉴定的植物就有1976种，而各种家畜、蛙蛇龟鳖、鱼类、贝类更是不计其数。而在远古时代，气候比现在更加温暖，各种自然生态环境尚未受到人为的破坏，各种动植物、水产资源应该是比现在更加丰富。

从历史上来看，远古时代的潮州本地土著居民，以及历代从中原等地区不断迁来的民众，就生活在这片物产富饶的土地上。他们要生存，就必须要适应自然环境，改造、利用这里的自然资源。从饮食的

鱼米之乡的潮州平原

角度来看，他们也就只能以潮州地区本土出产的动植物、水产资源作为赖以生存的食物来源，并在长期改造大自然的过程中，吸取外来先进的经验，不断总结，提高对这些食物资源的利用。这就是潮州饮食文化的起源。

那么，作为潮州饮食文化的一个重要组成部分的潮州菜，它是产生于哪一个时代，它的发展又经过哪几个阶段呢？我们认为，从人类生存的那一天开始，人类就需要饮食并开始对饮食的探索，但人类有饮食的现象，并不能说就是某种菜系的开始，作为一种文化结晶的菜系的形成，起码要具备三方面的条件：第一是有一套自成体系的烹调技术；第二是有一定数量的代表菜肴；第三是有自己独特的风味特色。

我们认真地分析研究潮州地区1000多年的经济文化发展史，认为作为一个地方菜系的潮州菜，它的产生、发展大体经过以下四个阶段。

（一）潮州菜的初步形成阶段

我们说，潮州菜作为潮州地区的一种饮食文化，必须是潮州地区的经济、文化发展到一定程度的产物。因此，我们从整个潮州地区的发展历史来看，可以说，潮州菜的初步形成是在宋代，约在公元960年至公元1279年。

有人说，唐代韩愈被贬到潮州，把中原文化，包括烹调技术带到潮州，因此潮州菜的形成是在唐代。其实，这种说法是片面的。

我们从整个中国历史来看，唐代确实是中国封建社会的黄金时代，素有“开元盛世”之称，但是在交通极其落后的古代，中原一带的先进文化还不可能很快影响到处于“省尾国角”的潮州。在唐代，潮州地区的生产力水平还相当低下，环境恶劣，一片荒芜，野兽成群，沿海一带鳄鱼出没，故有“恶溪”之称。韩愈在《初南食贻元十八协律》一诗中有这样一句“我来御魑魅，自宜味南烹”，在这里，韩愈诗中的“魑魅”，即是指“鳄鱼”“野兽”之类，可见那时潮州人的生存环境是十分恶劣的，在这样的社会背景下，怎么有可能出现具有一定文化水平的美食——潮州菜呢？那时候，人们的饮食状况是相当落后原始的。“生吃”及用柴火把食物简单烧熟之后食用，是最主要的饮食形式。现在潮州人还有吃鱼生、虾生以及“扣窑”的饮食形式，这就是古代潮州人原始的饮食形式保留到今天的痕迹。至于韩愈的这首诗，并不是抱着欣赏的口气来赞扬潮州的“美食”，而是用白描的手法，把他来潮州之后所见到的，他所极不习惯的潮州人的原始饮食状况描绘出来。例如在诗中，韩愈列举了数十种潮州人常吃的海产品，而这些海产品的烹调技术却都很糟糕，味道既“腥”且“臊”，毫无一点美食可言，以至韩愈吃得满头大汗，脸面也泛红。

那么，我们为什么又说宋代是潮州菜开始形成的时代呢？这是因为在宋代，潮州地区的经济、文化发展状况，已经具备了潮州菜形成的历史条件。

第一，宋代潮州地区的经济比起以往，有了极大的发展。那时候，大批中原移民由于战乱等，经过福建、江西，转徙来到潮州，这就给人烟稀少的潮州地区增加了大批劳动力。这些人无疑将中原一带先进的生产经验、先进的文化也带到潮州来，为开发潮州注入了一股新生力量。

我们根据一些历史资料，可以知道宋代潮州地区在农业生产、渔业、盐业、手工业、水陆交通、城镇建设等方面都有了大规模的进步。例如韩江三角洲一带，在宋代人们已经开始用土块、石块筑成大堤，用以围垦农田，特别是韩江两大支流的东溪和西溪，筑堤围田规模宏大，一直延伸至韩江三角洲中间，万顷农田，一望无际。宋代潮州地区的盐业也十分兴旺，特别是饶平沿海一带的渔村，海滩的盐堆一片相连，一派“万灶晨烟熬白雪”的景象。陶瓷业在宋代也已有相当的发展，在现今潮州市区附近到处遍布瓷窑，在当时便已有“百窑

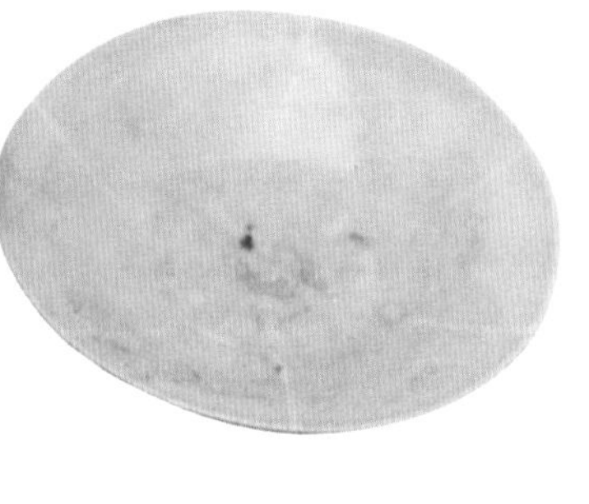

宋代潮州笔架山窑出土的日用瓷

村”之称了。

宋代农业、手工业等经济的发展，使人们的物质文化水平也得到进一步的提高，当然也促进了饮食文化的发展。特别是当时交通的畅通和陶瓷业的发展，更是和饮食文化的发展有着息息相关的联系。潮州航运业的发展，船只北上到泉州、山东，下达湛江、海南一带，打破了潮州历史上封闭自守的状况，把外界丰富的烹饪原料、先进的烹饪技艺，源源不断地带到潮州来；而陶瓷业的发展，则为潮州的饮食提供了优质的盛器。

第二，宋代在中国烹饪史上，已经是发展到非常高水平的时代了，而潮州菜作为中国菜的一个组成部分，烹调技术也随之相应提高。虽然在那个时代，潮州远离中原，地处僻远，交通和信息都极其不便，中原一带先进的烹调技术对荒远的潮州不可能有多大的影响，但又不能说一点影响都没有。我们查阅一些有

宋代笔架山潮州窑遗址

关宋代烹饪的历史资料，发现在宋代的一些名菜与潮州菜在烹调技术上已经有很多相似的地方，下面略举一二加以说明。

黄金鸡。李白诗云："堂上十分绿醑酒，杯中一味黄金鸡。"其法：鸡洗净，用麻油、盐，水煮、入葱、椒、候熟，擘钉，以元汁别供或荐以酒，则白酒初熟黄鸡正肥之乐得矣！（宋林洪著《山家清供》）

大雏卵。大雏卵者最奇，其大如瓜，切片饾钉大盘中。众皆骇愕，不知何物。好事者穷诘之，其法：乃以凫弹数十，黄、白各聚一器，称以黄入羊胞，蒸熟；复次入大猪胞，以白实之，再蒸而成。（宋周密著《齐东野语》）

这里介绍的宋代两款名菜，第一款名菜记载在宋代林洪写的《山家清供》这部著作中。这道菜我们权且把它称作"黄金鸡"。它的烹调方法特别接近今天潮州菜中"卤"的烹调方法，也是汤水中调入各种调味品成卤水，再把原料（鸡）放入卤水加热，使原料吸收卤味成熟，上桌的时候同样要淋上原汁。这里我们特别注意到两点：第一是"擘钉"，所谓"擘钉"即是我们今天所说的把鸡起骨，把肉撕成条，摆盘，这和我们今天潮州一些鸡类菜肴的摆盘方法是完全一样的，例如传统潮州菜中的"豆酱焗鸡"不就是这样做的吗？第二是"元汁"，其和我们潮州菜中经常提到的"原汁"完全是同一个名词。

第二款名菜记载在宋代周密写的《齐东野语》这部著作中。这道菜我们按原文把它称为"大雏卵"。它的主要烹调方法是蒸和拼盘，实际上也是我们今天潮州菜最常用的烹调方法。它的奇特之处在于，用10多个鸭蛋分开蛋白和蛋黄，利用蒸的方法，重新制成一个大蛋，再切片摆盘，其构思之精，令人叹为观止。宋代名菜在烹调方法、风味特点上与潮州菜的相似之处，使我们可以想象到，作为中国菜的一个组成部分的潮州菜，在宋代已经不可能和中原一带先进的烹调方法相去万里，虽然还有很大距离，但应该是初具规模，自成一体了。

这里我们还要顺便提上一句的是，工夫茶和潮州菜关系密切，是潮州菜的一大特色，即潮州菜筵席从开始、中间、结束，都是要上工夫茶的，而这一点，潮州人在宋代已经是这样做了。北宋末年潮州前八贤的张夔曾写了一首《送举人》的诗，诗中有这样一句“燕阑欢伯呼酪奴”。这里“欢伯”即是酒，而“酪奴”则是指“茶”，整句诗的意思是“筵席快结束，酒喝完的时候，客人们便催着上茶”。可见在宋代，潮州菜筵席已具有今天潮州菜的某些特点了。

从上面对潮州在宋代的经济、文化状况的分析，以及将潮州菜放在整个中国烹饪史中来考察，我们可以得出这样一个结论，潮州菜的初步形成阶段应该是在宋代。

（二）潮州菜的发展阶段

潮州菜初步形成于宋代，那么它的发展阶段则应该在明代嘉靖万历年间。

宋代以后，特别是在明代初期，潮州的经济出现了停滞的现象，这主要是因为明初朝廷实行海禁，大大影响了潮州的对外贸易和海上运输，对外贸易和运输受到抑制，当然也反过来影响了潮州地区的商业、手工业。据史料记载，原来在宋代极其红火的潮州陶瓷业，到了明初也已逐渐衰退，原来潮州有名的陶瓷产地笔架山窑，到了明初也已停火了，经济停滞，百业萧条，作为饮食文化的潮州菜当然也不可能有大的发展。

到了明代中后期，特别是嘉靖万历年间，潮州的经济有了很大的转机。首先是这时期潮州人口骤然猛增，原来福建一带的居民，由于当地人多地少，加上朝廷颁布海禁法令，不能与海外做生意发展贸易，人口大量向潮州地区迁移，使潮州地区的劳动力资源大量增长。有了大量的劳动力资源，潮州的农业、水利业得到开发，耕种方法也逐渐变为精耕细作，一些以商业交流为目的的经济作物，诸如甘蔗、柑橘、橄榄、龙眼等更是有了很大发展。据明代嘉靖《潮州府志》记载，当时潮州地区产的水果已有29类，这些水果都作为商品出售。

明代一幅描绘宴饮的图画

农业的发展也刺激了商业、手工业的兴旺，原来明初因海禁而萧条的潮州陶瓷业，在这个时期重新兴旺起来，制糖业、纺织业、造船业、矿冶业等新兴行业慢慢兴起。韩江口外的南澳岛以及和南澳岛隔海相望的柘林湾，民间贸易已相当红火，经常是商贾云集，舸艇迷津。据历史资料记载，在明代嘉靖万历年间，曾到南澳、柘林湾的外国商船就有暹罗（今泰国）、日本、葡萄牙、荷兰等，而潮州的货船也曾到过今天的印尼、马来西亚等地。这些民间贸易的兴盛，繁荣了当时潮州的经济。

明代嘉靖万历年间潮州经济的繁荣，无疑对形成于宋代的潮州菜起了极大的推动作用，使潮州菜得到进一步的发展。万历年间，潮州邑人林熙春写了一首《感时诗》，这首诗非常具体真实地反映了潮州菜在当时发展的状况，全诗如下：

瓦陈红荔与青梅，故俗于今若浪推。
法酝必从吴浙至，珍馐每自海洋来。
羊金饰服三秦宝，燕玉妆冠万里瑰。
焉得棕裙还旧俗，堪羞大袖短头鞋。

这首诗的大意是，过去客人来的时候，主人都要用陶盘盛着荔枝、青梅之类的水果来款待，可是这些淳朴的民俗如今都被时代的浪潮卷走了。如今潮州人喝的都是遵古法酿制的从江浙一带运来的好酒，吃的美味佳肴的原料也都是从海外运来的。人们佩戴的金银首饰都来自陕西一带，连装饰冠帽的美玉也都产自河北燕地。现在人们哪里还能穿过去的粗衣粗裙，这和现在时髦的大袖、短头鞋相比，实在太寒碜了。

从这首诗中，我们至少可以看到潮州菜在当时发展的两个方面：其一，在当时社会经济繁荣的情况下，人们富裕了，富人们讲究享受，要吃美味佳肴的潮州菜。诗中提到了“珍馐”，已不是一般饮食，而是经过一定水平的烹调技术所烹制出来的潮州美食。其二，随着海上运输业的发展，各种各样丰富的烹调原料源源不断地从外地运到潮州来，在这样的背景下，明代嘉靖万历年间的潮州厨师，在形成于宋代的潮州菜的基础上，不断积累经验，吸取外地先进的烹调技术，推陈出新，使潮州菜在这个时期有了一个实质性的发展。

我们说潮州菜在明代嘉靖万历年间是一个发展的阶段，还和当时潮州的民俗、民风、社会的变迁有直接的关系。由于历史原因，潮州人重视年节，祭拜祖宗，这些民俗民风发展至明代中期已经成为一种固定的社会习俗，这些年节习俗在潮州地区十分繁多，诸如春节、元宵节、拜老爷、游神、冬至节等等，此外，还有民间一些喜庆日子，诸如婚娶、乔迁新居、喜生贵子、择日开业等等，这些民俗活动和民间喜庆日子又是和烹制菜肴分不开的。在社会风气方面，潮州人重交际、重乡情、好客。客人朋友来了，往往烹制菜肴，设宴款待。我们可以这样说，明代中期，潮州民间烹制菜肴的技艺已达到相当水平。而这些民间菜肴，和上层社会、达官贵人所享用的官家菜肴，逐渐靠拢，互相融合，取长补短，终于产生了一批得到人们认可的，具有一定代表性的潮州菜，由此也产生了一批技艺精湛的潮州菜厨师。诸如传统潮州菜中著名的“八宝素菜”和“护国菜”，从其发展和演变过程来看，这两款名菜发展到这一时期，其烹制方法应该说已基本定型。

综上所述，我们可以这样说，在明代嘉靖万历年间的潮州地区，社会生活、社会风气需要有一定烹制水平的潮州菜美食，而社会经济生活发展到这时期，无论是烹调原料还是烹调技艺，都有可能烹制出一定水平的潮州菜美食。因此，潮州菜在这时期是一个发展的阶段，不但出现了一批技艺纯熟的潮州菜厨师，而且具有一定的烹调方法，产生了一批具有代表性的潮州菜名菜。

这里我们还需要说明的一点是，东晋义熙九年（公元413年）朝廷在潮州设立义安郡，并设郡治于海阳县城，而这海阳县城，即是现今的潮州府城。海阳县城从东晋开始，历代以来一直是郡、州、路、府的所在地。因此我们可以说，潮州府城在近代以前，历来是潮州地区政治、经济、文化的中心，所以，从前面的叙述我们可以看出，今天的潮州市正是潮州菜最早的发源地。

（三）潮州菜的兴盛阶段

潮州菜的兴盛阶段，则是在近代。特别是鸦片战争以后，中国的大门被打开了，潮州地区沿海一带逐渐成为商业活动频繁的集结地，这些无疑对潮州菜的发展起到了极大的促进作用。这时期，潮州府城潮州菜的发展也带动了其周边地区，如揭阳、汕头、潮阳、澄海等地潮州菜的兴盛，其中汕头更有长足的发展。

近代，在鸦片战争的炮火中，潮州地区沿海城市汕头，也在这一时期逐渐成为潮州地区重要的沿海商埠。这是由汕头优越的地理位置所决定的。汕头濒临大海，可以建成通向海内外的重要商埠海港；汕头又处于潮州地区的中心位置，无论潮州、揭阳、潮阳、惠来、普宁，均可通过水路、陆路直达。这些重要因素，使得汕头开埠以来逐渐成为全国的海港贸易城市。

汕头成为重要的海港贸易城市，必然商业活动频繁，汕头的商人不断到海内外交流经商，外国商人、华侨也不断到汕头贸易、定居，使汕头商埠店铺商行林立，商客云集，热闹非常，这些也带来饮食业的兴旺。这一时期，汕头的潮州菜酒楼菜馆竟如雨后春笋般涌现，鳞次栉比，较为有名的便有“擎天酒楼”“陶芳酒楼”“中央酒楼”等。而且由于海外华侨商人之间不断往来，带来外地各种各样的先进烹调技术、烹调原料，使汕头的潮州菜烹调技术得到极大提高，名厨师、名潮州菜不断涌现，这个时期可以说是潮州菜飞跃发展的时代。

我们仔细考察这一阶段潮州菜飞跃发展的状况，便可发现在这一阶段，潮州商人对潮州菜发展起了不可估量的作用。潮州素有海上贸易的传统，在近代，这种海上贸易更是十分兴旺，潮州商人沿海北上南下，甚至漂洋过海到南洋，足迹遍布大海南北的重要城镇，尤其是东南亚一带。潮州商人每到一处，都要到酒楼菜馆进行商业活动或日常应酬，而他们大都偏爱自己的家乡菜——潮州菜，于是一时间，在海内外各重要商业城镇，潮州菜馆应运而生。在和各地外帮菜馆的激烈的竞争中，潮州菜馆努力保持自己家乡菜的特色，吸收外地菜的优点，以求博得各种食客的喜爱。清代光绪年间，有个叫潘乃光的商人，因经商足迹踏遍东南亚各国，他写了一组题为《海外竹枝词》的组诗，其中有一首记叙了他在新加坡酒楼的见闻：“买醉相邀上酒楼，唐人不与老番侔。开厅点菜须疱宰，半是潮州半广州。”可见，当时潮州菜在东南亚一带已占有相当的位置。

近代潮州菜飞跃兴盛，在潮州各地涌现出一批潮州菜名厨、名酒楼。如潮州府城的“海云天酒楼”“洪顺成酒楼”，都是近代闻名遐迩的潮州菜馆；潮州府城的蔡振杰、郑炳辉、吴凤鸣、吴凤亮，则是近代著名的潮州菜厨师。

（四）潮州菜在改革开放后的继承和发展

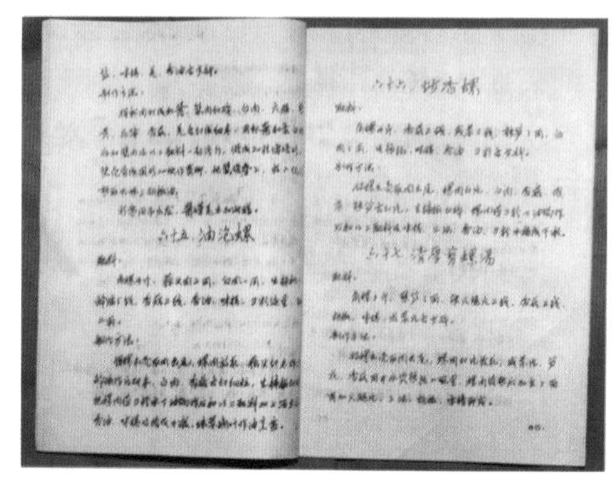

1956年，潮州市饮食服务公司用手刻钢板印刷的解放以后第一本《潮州菜谱》

新中国成立后，党和人民政府十分重视潮州菜的继承和弘扬发展，在新中国成立初到“文化大革命”前这近20年的时间里，十分注重老一辈潮州菜厨师向年轻一代传授和继承潮州菜烹饪技艺，先后举办了各种形式的潮州菜培训班、专业班以及潮州菜烹饪大赛、技艺交流会等。一些久负盛名的老字号潮州菜酒楼菜馆也重放异彩。这个时期，各个潮州菜酒楼菜馆的最大特点，便是相当浓重地保留了传统潮州菜的特色，所烹制的菜肴也大多是传统潮州菜、小食，创新潮州菜相对来说较少。1958年，潮籍著名潮州菜厨师朱彪初师傅在广

1983年3月，潮州市劳动局成立了“潮州市潮菜厨点师技能考核鉴定中心”每年组织全市餐饮业从事厨点师的人员进行职业技能鉴定。图为“鉴定中心”聘请潮州菜一代名师朱彪初(左一)为首席高级厨师考评员

州亲自为毛泽东主席的65岁寿辰制作潮州菜筵席，一时被传为美谈。

2000年7月15日，潮安县庵埠声乐大酒店举行首届厨艺技能比赛。图为潮州著名酒店管理企业家莫少浓总经理（左），潮菜名厨许永强老师正在评议厨师送评的菜品

“文化大革命”期间，潮州菜停滞不前，谈“食”谈“喝”被视为封资修的东西，再也无人探讨潮州菜技艺，老一辈厨师年龄渐大，而青年一代却无人愿意从事这一行业，潮州菜烹饪技艺面临青黄不接的断层现象。

党的十一届三中全会以后，我国进入了一个史无前例的崭新时代。“忽如一夜春风来，千树万树梨花开”，潮州菜烹饪业也从“文化大革命”时期的低谷，走向一个空前发展的黄金时代。改革开放中，潮州市人民政府十分重视发展旅游业，旅游业的发展带动了潮州菜烹饪技艺的发展。“发掘和弘扬潮州菜这一宝贵文化遗产”被摆到重要的位置上来，特别是20世纪80年代，潮州菜以其鲜明独特的风味而饮誉大江南北乃至世界各地。潮州菜酒楼菜馆、潮州菜美食街如雨后春笋般遍布全国各地，人们都以能品尝到正宗风味潮州菜美食作为一种荣誉。同样在港澳、东南亚一带，以至在欧美，潮州酒楼菜馆也随处可见。潮州菜作为一种地方饮食文化，第一次以其深厚的文化底蕴走向全国、走向世界，被世人所认可和推崇。特别值得一提的是，2004年4月13—17日，潮州市精心组织代表队参加在北京举行的第五届全国烹饪大赛，一举获得全国烹饪技术比赛团体金奖。这是新中国成立以来潮州地区在所有烹饪技术比赛中所获得的最高奖项。

潮州市高级技工学校烹调班的学生在上实操课

为了全面展示正宗潮菜风采，弘扬潮菜饮食文化，潮州市政府于2000年2月18日至21日，首次成功举办潮州菜美食文化节。图为在该次美食节上被评为“潮州菜名厨师”的八位厨师在美食节开幕式上

2004年4月，潮州市组队参加在北京举行的第五届全国烹饪大赛，力克群雄，一举获得比赛团体金奖。图为获奖后，潮州市市长骆文智（左三）、常务副市长谢烈鹏（左五）和参赛厨师合影

有浓郁潮州文化风情的现代化潮州酒楼

潮州市金龙大酒店中餐厨房

这个时期，潮州菜烹饪技艺最为鲜明突出的特色有以下几方面：

第一，随着社会经济文化的发展、社会的进步，经营潮州菜的酒楼、菜馆很多已经是现代化的星级大宾馆或豪华酒楼，而不是过去的小酒楼、小餐馆。厨房设备也更新换代而采用现代化、一流的厨房设备，酒店管理也采用现代酒店管理的模式。可以说，发展到今天的潮州菜，是传统饮食文化和现代管理理念相结合的产物。

第二，这个时期，创新潮州菜大量涌现，成为现代潮州菜的主流，而一些传统潮州菜因不适应现代社会的发展，逐渐被淘汰。

著名西式烹调师、声乐大酒店西厨厨师长李少平师傅融汇西餐技艺创制出来的新派潮菜“酥皮雪鱼卷”

创新潮州菜大量涌现的原因，从主观上来说，是因为随着社会的发展，人们的饮食审美观也不断发生变化，人们对美食要求的标准已经不是停

吸收西餐烹调方法的新派潮菜“金瓜鱼柳卷”，制作者为西式烹调师李少平师傅

粤东地区规模最大的古典园林式美食城——“潮州美食城”现已成为展示潮州菜饮食文化的重要窗口，图为潮州美食城夜景一角

留在原来的基础上，色、香、味、形的内涵已经加入许多现代化的内容，因此传统的潮州菜已经无法适应人们这种要求。从客观上来说，现代化的通信工具，交通的便利发达，打破了过去地方文化故步自封的局面，作为地方饮食文化的潮州菜，今天已经能更好地借鉴、学习、吸取外地菜系及历史上的宫廷菜，以至港澳菜系、西餐等流派的优点；另外，随着社会经济的发展，出现了许多新的烹饪原料、调味品等，这些也都为创新潮州菜的产生提供了物质基础。

当然，我们说创新潮州菜的出现，并不是说潮州菜已经走了样，改变了原来的风味，而是在保留潮州菜风味特色基础上的不断发展，因此从这个意义上说，潮州菜的出路在于创新。

潮州市特级厨师庄潮标师傅创制出来的色、香、味、形俱佳的新派潮菜“鲍汁东星斑”

20世纪末出现在潮州菜中的工夫汤

附：

韩愈《初南食贻元十八协律》

鲎实如惠文，骨眼相负行。蚝相黏为山，百十各自生。蒲鱼尾如蛇，口眼不相营。蛤即是虾蟆，同实浪异名。章举马甲柱，斗以怪自呈。其余数十种，莫不可叹惊。我来御魑魅，自宜味南烹。调以咸与酸，芼以椒与橙。腥臊姑发越，咀吞面汗骍。惟蛇旧所识，实惮口眼狞。开笼听其去，郁屈尚不平。卖尔非我罪，不屠岂非情。不祈灵珠报，幸无嫌怨并。聊歌以记之，又以告同行。

题解

唐代元和十四年（公元819年），韩愈因谏迎佛骨，被贬到潮州。潮州在唐代还是个十分荒芜偏僻的地方，因交通不便，在文明开化方面，与中原一带相比，还处于相对落后的状态，故潮州在饮食文化方面，还处于十分简陋、原始的阶段。潮州面临大海，盛产各种各样的海产品，潮州土著居民长期以这些海产品为食，而这些，对于长期生活在饮食文化较高，以五谷家禽为食的中原一带的韩愈来说，真是见所未见，仿佛来到另一世界。深深的感触，使对饮食文化没有很大兴趣的韩愈，竟破天荒第一次在他的诗歌中，描写了当时他所见到的潮州人的饮食情景，并把这首诗送给和他一起从中原南下的好朋友元十八。

韩愈像

元十八即与韩愈同代的文人元集虚，因排行十八，便称为元十八，协律是他的官名，为掌管音乐的官员。据唐代官制，协律郎属太常寺，正八品上，唐代以后，多成为地方大吏聘用幕僚的加衔。从唐代文人柳宗元、白居易的一些诗文，可以看出元十八和柳宗元、白居易等唐代著名文学家都有着很深的友谊。韩愈被贬潮州的时候，当时桂管观察使裴行立正聘请元十八前往南海任职，因此，能够和韩愈一道同行前来南方。

韩愈这一首诗采用白描的写法，对当时潮州的众多海产饮食原料及潮州当地民众的饮食习俗作了生动、具体的描写，是我们今天研究唐代潮州菜发展状况的不可多得的史料。

忍别感谢情至骨

初南食贻元十八协律（元和十四年抵潮州後作）

鱟實如惠文（惠或作車山海經云鱟形如車文見玉篇骨李本云疑當作背嶺表錄異鱟眼在背上雌負雄而行地理志云交趾有鱟形如惠文冠）骨眼相負行（惠或作車山海經云鱟形如車文見）

蠔相黏爲山百十各自生（嶺表錄異云蠔即牡礪也初生海邊如拳石四面漸長高一二丈者巉巖如山○蠔音豪字書無蠔字董彥遠云五代潘崇徹敗王逵兵於蠔石亦地名不應不見字書蓋闕誤）

蒲魚尾如蛇（蒲魚郎鱝魚也）口眼不相營（營方作縈）

蛤即是蝦蟇（本草注云青蛙鼃蛤長腳蠼子皆蝦蟇之類）同實浪異名章舉馬甲柱

韩愈《初南食贻元十八协律》一诗对我们研究古代潮州菜的发展有重要的史料意义

白话翻译

鲎鱼的外形十分像古代的惠文冠，眼睛长在背上，雌鲎鱼经常背着雄鲎鱼游行。蚝的外壳互相黏连在一起，就好像一堆小山一样，往往成百成千地各自生活着。海鳐鱼长长的尾巴像一条蛇，眼睛长在背上，口长在腹面，没有在一起。青蛙与虾蟆，实际是同一样东西而随便采用不同名称。章鱼和江瑶柱纷纷表现出各种奇怪的形状。还有其余几十种海产品，看了没有不令人感到惊叹的。现在我既然来治理这荒芜的潮州，自然要品尝一下这些南方的食物。潮州人进食往往要调入咸味和酸味的调味品，又将食物蘸满椒盐、椒油、橙酱等佐料进食。每当我进食潮州的菜肴，感到腥臊味越来越重，吃完之后，经常大汗淋漓，面孔赤红。在潮州人所吃的这些食物中，只有蛇是我过去所认识的，但我实在害怕它狰狞可怕的样子。打开笼子听任它离去，看它的样子好像还有一点抑郁委屈不平。把你卖掉并不是我的过错，不把你杀了难道不是我的情分？我不希望得到什么报答，只希望你不要怨恨我。我姑且把我见到的潮州人进食的情况用诗歌把它记下来，又把这些告知曾陪着我一同南下的朋友元十八。

二　潮州菜的特点及其成因

了解潮州菜的特点，是我们认识潮州菜最重要的一个方面。近年来，在中国众多的菜系中，为什么潮州菜能脱颖而出，独领风骚，走俏大江南北，誉满全球，原因是多方面的，但可以肯定的最重要原因就是潮州菜的特点迎合了当前国内外的饮食潮流。

潮州菜是中国菜的一个组成部分，也是粤菜三大分支之一，因此潮州菜和其他菜系有其共同的地方，这是它们的共性。但潮州菜发源于潮州平原这块独特的土地，有其自己产生、发展的历史渊源，在长期的发展过程中，形成了自己独特的不同于其他菜系的特点，也就是潮州菜自己的个性。今天我们研究潮州菜的特点，正是要研究潮州菜的个性特点。

潮州菜作为潮州文化的一个部分，它的特点的形成，同样是离不开潮人赖以生存的自然环境、人文风俗及悠久的传统历史文化。下面我们以这些方面为出发点，从五个方面来论述潮州菜的特点。

（一）擅长烹制海鲜

擅长烹制海鲜，可以说是潮州菜最为突出的特点。用料广博，是中国菜很多菜系共同具有的特色，然而在众多的烹调原料中，特别突出擅长烹制海鲜的，恐怕只有潮州菜了。

潮州菜擅长烹制海鲜，首先是因为潮州地区盛产海鲜。潮州地区有着漫长的海岸线，东端至饶平县东界镇上东乡，与福建省诏安县交界，西端至海丰县，这条海岸线曲折蜿蜒，共长300多公里，而且这条海岸线沿海布满岛屿、丛礁。潮州平原所面对的滔滔大海，是用之

潮州沿海渔民在深海拖网捕鱼

不竭、取之不尽的丰富的海产品源泉。

潮州地区盛产海鲜，在“靠山吃山，靠海吃海”这一人类生存规律下，潮州在很古远的年代，便有了喜食海鲜的习惯。明代《永乐大典》非常清楚地记载了潮州地区丰富的海产品：“至于海错，如鲎

潮州沿海渔民捕鱼场面

鱼、蚝山、章举、颊柱，入韩公《南食》所咏。与夫车螯、瓦屋、河豚、魁虾、香螺、赤触之属，皆味之美者。其他各类不一，难以悉载。”这里除了列举韩愈《初南食贻元十八协律》一诗中提到的海产品之外，还另外列举多种潮州的海产品，可见自古以来，潮州得天独厚，所产的海产品是十分丰富的。韩愈诗中列举他到潮州之后，一席宴饮之间所吃的数十种海产品，以至腥臊异味纷呈，令其面孔赤红，若以今天我们的眼光来看，称之为“海鲜宴”也是一点都不过分的。

宋代元丰年间，文人彭延年隐居潮州地区的揭阳浦口村，曾写作《浦口村居》组诗五首，记述和抒发了他隐居生活的感受和情愫，其中有一首是这样写的：“浦口村居好，盘飧动辄成。苏肥真水宝，鲦滑是泥精。午困虾堪脍，朝酲蚬可羹。终年无一费，贪活足安生。”如果说韩愈诗中提到的是唐代潮州达官贵人宴饮以海鲜为主，那么彭延年这首诗则反映了潮州平民百姓在日常生活中，也十分喜欢进食鱼虾贝类等海鲜。诗中提到的虾脍，实际上即是我们今天的虾生。潮州人食海鲜的这种习俗，在我们今天从科学的角度来看不合常理，有悖

潮州沿海一带渔民的海洋鱼类养殖箱

卫生，但竟能保留至今天，可见潮州人喜食海鲜的程度。

潮州人喜食海鲜的习俗，在漫长的历史进程中逐渐形成了一种潮州饮食文化的特色，当潮州菜得到形成、发展的时候，这种特色自然也就成为潮州菜的一大突出特点。

潮州菜擅长烹制海鲜的特点，体现在两方面。第一是海鲜类菜肴在潮州菜中占有很大比例。上文提及韩愈《初南食贻元十八协律》一诗，在一桌筵席之中，韩愈便列举了鲎、蚝、蒲鱼、章鱼、瑶柱等数十种海鲜品种，可见海鲜品种所占比例之大。现代著名潮州菜大师朱彪初编著的《潮州菜谱》，共收集传统潮州菜133款，其中海鲜类菜肴便占42款，而且还不包括淡水鱼类，共占32%。广州人传统喜欢吃鸡，故有“无鸡不成席”之说，而潮州地区称“无海鲜不成筵”则一点也不过分。凡正规的潮州菜筵席，每一桌必定要有几款海鲜类菜肴，而且每一桌潮州菜筵席，每当吃到高潮之时，往往是一道高档海鲜送上桌面的时刻，诸如“生炊龙虾”“红炆鲍鱼”等。下面我们随便举两例潮州菜筵席菜单。

例一：红炆明鲍、江南百花鸡、干炸虾枣、清汤蟹丸、酿金钱鳔、生炒明蚝、酥皮蟹盒、油泡螺球、厚菇芥菜、清鳝鱼把、夹心香蕉、绉纱莲蓉。

例二：四彩拼盘、豆酱鸡、炆鸡脚鲍、清鱿鱼卷、红炆海参、生菜龙虾、鲜虾酥饺、什锦冬瓜盅、干焗蟹塔、金瓜芋蓉、夹心香蕉、清萝卜丸。

这两例潮州菜筵席菜单都是潮州菜常见筵席菜单，其中海鲜类菜肴竟占有一半以上。

第二是潮州菜烹制海鲜的烹调技艺多样且精细。潮州菜常见的烹调方法有十余种之多，而其中大部分都可被潮州菜厨师用以烹制海鲜菜肴，诸如炸、炊、焗、煎、泡、焯、炒、炖等。更值得一提的是，潮州菜厨师在烹制海鲜时，能根据不同海鲜的不同特点而采用不同的烹调方法，使烹制出来的菜肴恰到好处地体现出原料的特色。如在烹制海鲜的所有方法中，最常见的便是“生炊”（也即“清蒸”）。这是因为潮州濒临大海，因此酒楼所烹高档海鲜，均能保持鲜活，而“生炊”是最能体现生猛海鲜鲜甜的烹调方法（内地一些酒家，其海货往往是冰冻运来，已失其海鲜鲜甜特色，因而往往只能采用炆、炸的方法，用以弥补其不足）。又如潮州盛产的蚶类，潮州菜厨师采用“白焯”的方法，且讲究使用蟹目水。这是因为蚶烹调时特别讲究温度，使蚶刚熟即可，保持鲜红的血水，这样味道十分鲜美，而“白焯”是最能达到这样效果的烹调方法。至于海鳗之类肉厚而腥味重的海鲜，潮州菜厨师则往往采用先炸后炆的方法，这样最能除去原料的腥味，而使菜肴味道浓郁香醇。

潮州地区盛产各类海鲜

总之，潮州菜烹制海鲜的方法可谓五花八门，丰富多样

潮州菜酒楼水族箱中的海鲜

而又恰到好处，甚至同一海鲜也可有多种不同的烹调方法，体现出不同的风味特点，如潮州菜中便有“生炊肉蟹”“酿鸳鸯膏蟹”“干炸蟹塔”“清汤蟹丸”等，创新潮州菜中还有“粉丝蟹肉煲”“铁板咖喱蟹”等。有人曾深有体会地说过，只要品尝过潮州菜的海鲜，你便会知道什么是潮州菜，这话不是完全没有道理的。

海鲜营养丰富，味道鲜美，品种繁多，档次拉得开，高档的海鲜每斤可卖上千元，低档的也可卖十多元。由于这些原因，使海鲜类菜肴成为当今餐饮业中消费的热点，吃海鲜成为当今人们饮食中的一种趋势，所以潮州菜擅长烹制海鲜的特点十分适合当今饮食潮流。当今的任何一间潮州菜馆，其门口一定要设置用玻璃制成的海鲜池，养着各式各样生猛的海鲜，其招牌也一定要写上“生猛海鲜”的字样。潮州菜擅长烹制海鲜的特点，可以说是潮州菜深受人们欢迎的重要原因之一。

（二）味尚清鲜

味尚清鲜这一特点，是潮州菜在口味方面的突出特色。我们说潮州菜味尚清鲜，是指潮州菜在口味上强调原汁原味，突出“清”和“鲜”这两大特色，也可以说，潮州菜这一特点是和其他一些地方菜偏辣、偏酸、偏甜等浓重口味相对而言的。

潮州菜的“清”，主要表现在菜肴的色泽清淡、鲜美、有光泽；在调味方面，控制各种调味品的分量，特别是有刺激性的调味品，使菜肴的味道偏于清芳；在烹制菜肴的过程中，严格控制用油量，不使菜肴显得过于肥腻。例如潮州菜的汤菜，大部分使用隔水炖的方法，所用肉料炖前均要经过焯水漂洗，因此上桌的汤菜均是清澈见底，面上漂着几点油花，散发着淡淡的清香气味。至于其他各款潮州菜，也无一不体现出潮州菜清淡的特色，甚至连一些味道较浓郁的潮州菜，也在浓郁之中透出“清”的特色。诸如潮州菜中的卤水鹅，虽然其卤水中调入川椒、八角、桂皮、南姜等多样辛辣调味品，但由于调味品之间配搭、用量、火候的控制都运用得十分恰当，因此我们品尝潮州菜的卤水鹅时并没有一种味道十分浓烈辛辣的感觉，而是尝到各种调味品融汇在一起的一种淡淡芳香。正因为潮州菜强调“清”的特色，因此在传统的潮州菜中有不少菜名都是冠以“清”字，如“清鱼翅丸”“清汤虾丸”“清汤蟹羹”“清炖白鳝”“清莲花豆腐”等。

潮州菜讲究“鲜”的特色，则主要是强调烹调原料要新鲜，如海产品要求鲜活，蔬菜也要求新鲜。潮州菜这“清”和“鲜”的两方面是相辅相成、相得益彰的。“鲜”是“清”的基础，如果烹调原料都已变质，烹制出来的菜肴还有什么“清淡”可言呢？而正是因为潮州菜强调“清淡”，反过来才能更好地体现出来新鲜原料的本味。

潮州菜之所以突出清鲜的特色，是和潮州的地理自然环境、传统历史文化分不开的。潮州地区位于热带和亚热带之间，每年降水量多且集中，使得这里的地气温湿。为了使自己的身体适应这种地理自然环境，潮州人特别注意自己的饮食起居，在饮食上尽量保持清淡，避免吃太浓太辣的食物，以免引起上火，而且还要常年喝竹蔗、芦根、蛇舌草之类清热解毒的凉茶。这些重要原因，决定了潮州菜在口味上突出清鲜的特点。

潮州菜味尚清鲜，应该说是潮州菜的一种风格。潮州菜作为潮州饮食文化的一个内容，是潮州文化的一个部分，因此我们探求潮州菜这种风格的由来还应该从整个潮州文化的角度加以考察。从历史上来看，潮州地处滨南水乡，环境山清水秀，因而在这块土地上孕育出来的文化也必然带有“清”“秀”的特点。潮州在历史上受儒学影响较深，加上地少人多，在生产上必须是精耕细作，这种讲究“细”“精”的特点，反映到潮州传统文化上来，必然不是那种“大刀阔斧”的粗犷风格，而是“清”“秀”。潮州文化的诸多形式，如潮剧、潮州音乐、抽纱、潮绣、木雕等，都具有这种风格特征，因而同属于潮州文化的潮州菜，也必然带有“清”“秀”的风格特征。

清代著名文学家袁枚在他的饮食论著《随园食单》中说过：“味者宁淡毋咸。”潮州菜味尚清鲜的特色，是完全符合人类的饮食规律的。因为，追求食物鲜美的原汁原味是人类饮食的最高境界，试想如果我们品尝每一道菜，得到的不是辣就是酸的感觉，还有什么饮食之美可言呢？而得到食物鲜美的原汁原味，首要前提，就是烹制菜肴必须突出清鲜的特点，这就是人们所说的“大味必淡”的道理。

朱彪初师傅认为，潮州菜味尚清鲜的特点，还使潮州菜更具适应性。朱师傅的看法是十分中肯的，因为潮州菜味尚清鲜，就使得不论什么人，不管你是嗜好酸还是嗜好辣，都能品尝潮州菜，都能接受潮州菜，而不会出现像其他菜系一些菜肴一样，因为太辣或太酸而使有些人吃不下。

（三）素菜有特色

我们在探讨这个问题之前，首先应先弄清楚什么是潮州菜中的素菜。潮州菜中的素菜应是潮州菜中的一个种类，它是以非动物性原料为主料，但又不同于佛门食用的斋菜，完全不能采用动物性配料的菜式。

潮州菜中的素菜有特色，也和潮州菜擅长烹制海鲜一样，由于潮州冲积平面土地肥沃、雨量充足，因而潮州地区自古以来便十分适宜种植各种蔬菜瓜果，且品种十分繁多。这些丰富的蔬菜瓜果自然也就成为潮州菜厨师烹制菜肴的原料，并在长期的实践过程中摸索并掌握了烹制潮州蔬菜瓜果的规律和经验，进而成为潮州菜的一大特色。

潮州菜厨师烹制素菜的最根本经验，便是“素菜荤做，见菜不见肉”。在长期反复烹制以蔬菜瓜果为主料菜肴的过程中，潮州菜厨师深刻认识到蔬菜、瓜果、面筋、腐枝等这些素菜原料的最大特点是偏清淡、乏味。怎样解决这个问题呢？最根本的办法便是在烹制素菜的过程中，加入肉味浓香的上汤或老母鸡、排骨、赤肉等动物性原料共

潮州地区农民正在收获刀豆

潮州地区除了种植各种蔬菜外出产的水果也十分丰富

炖，使蔬菜的芳香和肉类的浓香融合成一种复合的美味。这种美味甘芳中带有浓香，素和荤完美结合，令人百尝不厌，回味无穷，这便是“素菜荤做”。但这道菜又属于素菜，上桌不能让人见到肉类原料，所以上桌前须将肉类原料去掉，这又叫“见菜不见肉”。

“素菜荤做，见菜不见肉”，这一潮州素菜烹制的根本规律，是潮州菜厨师在长期的实践中总结出来的智慧结晶。从理论上来看，它完全符合烹饪美学的规律，单纯的素菜原料味道偏淡，单纯的肉类味道又太肥腻浓郁，两者的结合，使味道升华到一个完美的境界。据史料记载，久负盛名的潮州素菜“护国菜”起源于南宋时代，千余年来，在历代厨师的不断改进下，这道素菜如今已成为潮菜筵席上的珍肴，它的最大改进在于最早是用清水烹制番薯叶，如今改用优质上汤。在清代末年，潮州地区的民间便流传着一个和尚厨子用饱蘸浓肉汤的白毛巾烹制“八宝素菜”，从而在开元寺烹调大比试中夺魁的故事。可见，潮州菜厨师用“素菜荤做，见菜不见肉”的方法烹制潮州素菜已有十分悠久的历史。传统的潮州素菜品种繁多，诸如“八宝素菜”“护国菜”“棋子豆腐”“玻璃白菜”“厚菇芥菜”等，但没有一款潮州素菜的烹调方法是离开“素菜荤做，见菜不见肉”的，可见这一烹制素菜的规律，在烹制潮州素菜中的重要地位。

擅长烹制海鲜和素菜，是潮州菜最具特色的两个方面，它们宛如潮州菜艺园中的两颗耀眼明珠，一荤一素，交相辉映。素菜把潮州地区的田园风光带上餐桌，让人在品尝富有特色的海鲜之后，又能饱享鲜美可口的天然蔬菜的鲜美，使潮州菜筵席更具潮州风味，故潮州菜筵席一般都要配上1～2道素菜。

金瓜素什锦　制作者：潮州菜高级技师翁泳

（四）筵席间独特的工夫茶

工夫茶是潮州地区极富地方色彩的茶道文化，它历史悠久，植根于千家万户。几乎可以说，凡是有潮州人的地方，就有人冲泡工夫茶，它不论是在冲法、器具、用水、程序、饮法上，都极具潮州地方风味。甚至可以说，喝工夫茶是潮州人的代表特征之一。

潮州菜和工夫茶，同属潮州文化，在潮州饮食文化发展的漫长过程中，潮州菜和工夫茶紧密地结合在一起，以至一桌潮州菜筵席，即使烹制的菜肴是多么传统正宗的潮州菜，如果没有上工夫茶，人们都认为那不是正宗的潮州菜。

菜和茶道，在中国菜的其他各大菜系中，很少有什么密切的关系，唯有潮州菜才和当地的茶道那么紧密地结合在一起，这不能不说是潮州菜特有的极具地方色彩的特点。那么潮州菜为什么会具有这鲜明的特点呢？首先，我们从潮州文化发展的历史来看，潮州菜和工夫茶都是极具潮州地方特色的文化，且一“饮”一“食”，又同属潮州饮食文化，所以在长期发展的过程中，这两种潮州饮食文化的形式便互相靠拢，借以更突出其地方色彩和特色；其次，工夫茶在潮州人的生活中占有极其重要的地位，大凡亲朋好友聚会、招待客人，都要用工夫茶相待，而潮州菜筵席同样是一种社交形式或亲朋好友聚会的方式，因而同样要用上工夫茶；最后也是最重要的一点，工夫茶的最突出特点是量少而茶水浓醇，茶杯只有半个乒乓球大小，但喝下去却满口茶香，回味无穷，因而这种茶道形式便十分适合筵席间饮用。我们设想一下，如果筵席间给客人上一大杯茶水，客人还能接受吗？

潮州菜筵席间上工夫茶，确实给潮州菜增色不少，既增添潮州菜地方色彩，又符合人们的饮食规律。当人们吃完一道浓郁的菜肴后，

传统正宗的潮菜筵席，中间都要穿插着上工夫茶

筵席间独特的工夫茶

喝上一小杯甘醇的工夫茶，既解肥腻，又清除口腔中的杂味，以便能更好地品尝下一道菜肴的美味，因而使人们在进食的过程中变得有韵律和节奏。在潮州菜筵席中，上工夫茶的程序一般是当客人入座后便要上第一道工夫茶，以后席间穿插上2~3次，且最好在较肥腻的菜肴之后上，当筵席结束时则要上最后一道工夫茶。

（五）注重食疗养生

“医食同源”“药食同用”的食疗养生理论，是中国传统医学的一个重要组成部分。所谓食疗，便是通过食用一些有针对性的食物，从而达到治疗疾病、保养身体的目的。药膳，则是用药物配上适当的食物烹制进食，以达到治疗疾病、保养身体的目的。中国的食疗养生理论有着十分悠久的历史，远在先秦时代的《周礼》一书，便已有这样的论述：“五味、五谷、五药养其病”“以酸养骨、以辛养筋、以咸养脉、以苦养气、以甘养肉、以滑养窍”。而中国古代最早的医书《黄帝内经》也提出著名的五养学说：“五谷为养，五果为助，五畜为益，五蔬为充，气味合而服之，以补益气。”从历史上来看，潮州的居民很多都是中原一带的移民，中原一带的先进文化也同样对潮州造成极大的影响，因而中国传统医学的食疗理论必然随着移民的迁入和文化的渗透而被潮州文化所吸收。从潮州地区历史上的自然环境来说，生存环境恶劣。唐代韩愈被贬潮州之后，曾写一诗给其侄韩湘，诗中提到："知汝远来应有意，好收吾骨瘴江边。"瘴江即是瘴气连天的江，这里的瘴气是指亚热带山林中的湿热之气，是当时潮州地区恶性疟疾等传染病的病源。在这种生存环境恶劣、医疗条件十分低下的情况下，潮州人要生存下去，要和各种疾病作斗争，只能从最简单的、一日三餐离不开的饮食中寻找方法，积累经验。

潮州菜著名药膳海马炖鮸公肚

因此我们可以说，潮州人在很早以前就已经懂得利用饮食来治疗疾病和养生的方法，那么这种方法势必慢慢体现在潮州饮食文化最重要的成分——潮州菜中。而且当这种民间的食疗养生经验方法和具有一定体系、完整的烹调技艺的潮州菜相结合以后，更是不断得到完善和提高。同样道理，随着潮州菜的不断发展，随着人们的物质生活水平日渐提高，随着人们对自身保健的日益重视，潮州菜中这种食疗养生的内容也日益增加、日益科学化，发展至今天，更是成为潮州菜区别于其他菜系的一个突出特点。

潮州菜注重食疗养生的特点体现在多方面。首先重要的一点是，在潮州菜中，大量菜肴除讲究色、香、味、形的完美之外，还针对人体某方面健康有食疗效用。有些菜肴原料为单纯的食物，但其食疗的作用却是非常明显的。例如秋燥季节，不少潮州酒楼都会推出“橄榄炖猪肺”这款菜肴，这是因为秋天时节，不少人肺部容易患上燥热的毛病，根据中医以形治形的原理，结合生果橄榄具有生津液、除烦热、清咽止渴的作用，在这季节食用这款菜肴无疑对治疗肺燥热的毛病会起到很大作用。又如在潮州菜中人们十分熟悉的“脚鱼炖薏米”这款炖品，能起到非常好的食疗作用，其在原料的配搭上也是十分科学的。中医认为，脚鱼（即鳖，也称水鱼，潮人俗称脚鱼）肉滋肝阴，养筋活血，但滋阴的东西往往会引起滞气，故在这款炖品中以能利水的薏米作配料，不但使炖品除腥臊、增加鲜甜，还能化解滞气的问题，真可谓一补一泻、一动一静，配合得天衣无缝，符合中医配伍的原则。在潮州菜中，像这样配搭合理，能起到明显食疗作用的菜肴可谓比比皆是。

潮州菜中除上文所举原料为单纯食物而起到食疗作用的菜肴外，还有大量在菜肴中以各式中药作配料，和其他潮州菜烹饪原料共同烹制成的菜肴。在潮州菜中，经常入馔的中药材有人参、当归、枸杞、洋参、田七、霍斛、沙参、玉竹、冬虫夏草等。这些药材入馔，除了起到一定的疗疾保健的作用外，还能除去菜肴的腥臊，给菜肴增添一点淡淡的药材的芬芳味。这类菜肴在潮州菜中极其普遍，而且极受食客的欢迎。

潮州菜注重食疗养生的特点，除体现在上述潮州菜中有大量起到食

潮州历史名店“胡荣泉”张贴在墙上的潮州菜养生菜谱

疗养生的菜肴外，更重要的一点是，从整个潮州菜的体系、文化内涵及其出发点来看，处处体现了中医养生学的精髓，例如上面我们提到潮州菜的一个突出特点是味尚清鲜，不单是口味上的问题，而且是因为潮州地区地气温湿，只有进食性味偏清淡的菜肴才不会伤津耗气。又如潮州菜中汤类、炖品特别多，凡是潮州菜筵席，则必有汤类、炖品，这类菜肴除味道清甜可口外，还对身体大有裨益，因为这类菜肴大多是采用隔水炖的方法，所以能更好地保留食物的营养成分，起到滋补阴液、清热散火的作用。此外，潮州菜还注重荤素配搭、量少而精，中间穿插上工夫茶，强调饮食环境的清静优雅，有时在客人进餐的过程中，还播放悠扬动听的潮州音乐。今天我们从饮食卫生的角度来看，这些做法无疑都是十分正确的。

潮州菜并不是从一开始便具有注重食疗养生的特点，从潮州菜发展的历史来看，在物质生活水平较低的时代，人们注重的还是怎样把菜做得好吃，只有随着社会的发展，人们的注意力才逐渐转到吃得好和吃出健康并重这方面上来，潮州菜注重食疗养生的特点才会越来越明显，这也说明潮州菜的文化内涵越来越深厚。

对于潮州菜的特点，多年来烹饪界有多种说法，如有的提出潮州菜酱碟多，甜菜、汤菜有特色，刀工精细，菜肴品种丰富，配料巧妙，调味独特，等等。当然，这些说法各有其道理，但我们认为，最能代表潮州菜本质的特点，应该是上面所分析的五方面内容，因为这五方面是潮州菜区别于其他菜系而最具本质的特点，也正是因为潮州菜具有这五大特点，才使潮州菜在中国烹坛上独领风骚，深受人们欢迎。我们综观潮州菜这五大特点，不难发现，这五大特点都是潮州菜在长期发展过程中，由潮州地区的自然地理环境、物质资源、人文历史、风俗民情的独特性而产生出来，离开潮州地区这块土地，是不可能产生这五大特点的。

我们认为，这五大特点是潮州菜深受人们欢迎的原因。这五大特点显示了潮州菜在烹饪原料、烹饪方法和调味上都非常顺应当今的饮食潮流，其表明潮州菜具有浓郁的地方特色、乡土风情，表明潮州菜不但口味纯正，而且医食并重，有益身心健康，而所有这些方面，都是一个菜系能否发展且具有生命力的相当重要的方面。

三 潮州菜和其他潮州文化

潮州菜和其他潮州文化一样，都是潮州人民在千百年的历史中共同创造出来的，有着共同的根和源，因而潮州菜在产生、发展的过程中，和潮州其他文化形式关系是极其密切的，它们互相影响、互相渗透，它们有着共同的风格特点，共同形成了璀璨夺目的潮州文化。例如潮州菜在长期发展过程中所形成的一些风格、特点，不能不说是受到其他一些潮州文化形式的影响和促进，甚至潮州菜还利用其他一些文化形式，来使自己的潮州色彩更加鲜明和突出。且不说潮州菜和潮州茶文化——工夫茶关系密切，以至成为潮州菜一大突出特点，其他如潮州菜中的食品雕刻，一些形式便是借鉴潮州木雕而来的， 潮州菜馆的宴会厅往往利用潮州木雕屏风、潮州抽纱、潮州刺绣、潮州工艺陶瓷来布置环境，以营造一个潮味十足的进餐氛围，甚至在客人进餐的过程中还播放悠扬的潮州音乐。因此，我们在了解潮州菜的同时，还必须对潮州菜的姐妹文化形式有一个大概的了解，使我们对潮州菜能有一个更全面深刻的理解。下面概括地介绍一两种具有代表性的其他潮州文化形式及它们和潮州菜的关系。

（一）潮州菜和潮州木雕

潮州木雕又称金漆木雕，历史悠久，与浙江东阳木雕并称为中国两大木雕体系。潮州木雕在唐宋时代已自成体系，到了明清，因潮州

木雕这种民间工艺在民间生活中运用十分普遍，如潮州民居的装饰、日常木器家具的装饰，所以有了广阔的发展空间。

潮州木雕具有鲜明的潮州传统工艺的特点，作品构思新颖，工艺精湛，造型逼真生动，表现的题材多是各种花草虫鱼、飞禽走兽，还有一些民间神话、传说、戏剧历史人物故事。1957年，潮州著名的木雕艺人张鉴轩、陈舜羌创作的《圆雕蟹篓》，在莫斯科举行的世界青年联欢节上获铜质奖章，他们创作的潮州木雕作品还有多件在北京人民大会堂陈列。

《游日骋怀》广东省工艺美术大师李得浓获奖木雕作品

潮州菜的烹调工艺在长期的发展过程中，可以说在很多方面借鉴和得益于潮州木雕艺术，特别是近年来有了很大发展的潮州菜食品雕刻、冷盘拼摆，在雕刻手法、技艺、风格、取材等方面都和潮州木雕有很多相似的地方。潮州菜食品雕刻中也有蟹篓、虾篓这两样作品，原料是采用一个小圆形的南瓜，镂空刻成蟹篓、虾篓，再用红萝卜或白萝卜刻成小蟹、小虾点缀其上，整个作品形象生动，富有生活情趣，在潮州菜筵席中作为彩拼出现，很受食客的欢迎。据雕刻这作品的潮州菜师傅介绍，他在雕刻这两样作品时，也是受到潮州木雕“蟹篓”的启发而创作出来的。

传统正宗的潮州菜酒楼，往往要用潮州木雕来布置装饰宴会厅的环境，借以营造一个潮味十足的就餐环境。广州东方宾馆便悬挂有巨型潮州木雕挂屏《大观园庆元宵》。

最后我们还要提上一笔的是，潮州木雕从技法来看，可分为沉雕、浮雕、通雕和圆雕，其中最有特色的便是多层次镂空的圆通雕，而沉雕则主要运用在著名的潮州小食糕类、粿类印模的制作上。糕类印模和粿类印模，因其特点要求不同，故运用沉雕技法刻制这两类印模也有不同要求。粿类印模因粿皮湿而有黏性，故印模的图案必须简单，花纹要粗而深；而糕类印模因糕点的原料干而不具黏性，故印模的图案和刻纹可以较复杂和细腻。

（二）潮州菜和潮州陶瓷

在潮州菜与其他所有潮州文化的关系中，可以说没有哪一种文化形式能像潮州陶瓷与潮州菜那样密不可分。这是因为“美食”和“美器”鱼水相依，互相依存，离开了“美器”，“美食”也会逊色许多。

潮州陶瓷历史十分悠久，据考古学家的考证，由于潮州地区盛产瓷土，所以陶瓷的生产在很早的年代便已开始。我们从现在发现的潮州南郊和北郊的唐代瓷窑遗址，便可知道在那个年代潮州的陶瓷业已

近代潮州枫溪窑餐具（火锅、温碗、椭圆盘）

有一定的规模了。北宋时期，可以说是潮州陶瓷业的鼎盛时期，潮州笔架山麓的大龙窑，长度竟达100米，照这样的规模，估计每窑至少可生产瓷器20多万件。因此陶瓷是潮州著名的传统工艺之一。在潮州地区，生产陶瓷的地方主要有枫溪、潮安、饶平等地。2004年，潮州市还被评为“中国瓷都”。潮州陶瓷制品款式多样，既有中西餐具、茶具、咖啡具等高、中、低档的日用瓷，又有造型优美、工艺精湛的美术瓷。特别值得一提的是，由于枫溪瓷器质地细腻、色泽白，陶瓷工艺家们便利用这一点，精心设计，刻意雕琢，塑造了众多仕女形象。这些仕女人物造型娇俏婀娜，线条明快流畅、轻盈精巧，十分鲜明地体现了潮州文化秀美的特色。

潮州菜和潮州陶瓷有着鱼水相依的关系。在前面，我们提到潮州菜形成于宋代，而宋代正是潮州陶瓷发展的鼎盛时代。大量精美陶瓷盛器的出现，对潮州菜体系的形成起到重要的作用。

精美的潮州陶瓷

潮州菜味道清鲜，色泽淡雅鲜丽，造型生动，这些特点的体现，都离不开盛器的衬托，因此潮州菜极其重视菜肴与盛器的协调美。“美食”与“美器”的关系，不单是菜肴的美加上盛器的美那样简单，而是更强调菜肴与盛器之间的协调一致，即盛器应该具有烘托、补充、表现、装饰菜肴美的作用。多年来，围绕这一作用，潮州生产了大量适合表现潮州菜各类菜肴特点的陶器、瓷器，如鱼盘、圆盘、汤窝、炖盅、鸡盅、翅碗等，正是使用了这些潮州陶瓷，才使潮州菜的风格特征表现得更加淋漓尽致。这也正是一些在外地开办的潮州菜酒楼菜馆，非要不远千里到潮州购买潮州陶瓷盛器的原因。

潮州菜以前使用的多是潮州陶瓷中彩上各种花纹颜色的陶瓷盛器，而近年来转向喜欢使用潮州陶瓷中的白地瓷，也即是没有花纹颜色、色泽洁白的陶瓷盛器，这大概是体现了潮州菜目前更趋向于表现含蓄美的倾向。

四 历史上的潮州菜名店

潮州菜历史悠久，源远流长。在潮州大地上，曾经出现过无数以烹饪潮州名菜而闻名遐迩的潮州菜名店。在人们心目中，总是把这些名店看作是潮州人聪明、智慧的象征，并引为自豪，因此随着历史的变迁，虽然大部分历史上的潮州菜名店已成为过去，但它们的名字仍作为一种美谈留在人们记忆中。

勿庸置疑，这些历史上的潮州菜名店，都代表着那个时代潮州菜烹饪的最高水平，汇聚了历史上一代又一代名厨。潮州菜烹饪技术之所以能世代相传，并不断充实、发扬光大，成为今天一枝绚丽的艺术之花，是和这些潮州菜历史名店的功绩密不可分的。

下面列举近代潮州地区几家潮州菜历史名店。

（一）潮州胡荣泉

胡荣泉是潮州具有90年历史的著名老店，以经营具有民族特色、地方色彩浓厚的名小食而著称，自创业以来就一直享有很高声誉。

1911年，以经营潮州小食为生的胡荣顺、胡江泉两兄弟，各用其名的一字，在潮州太平路开了一间约20平方米的甜品小店，命名“胡荣泉”，向全城首推独家甜食“鸭母捻”。不久，该商号便随着这种松软润滑、香甜可口的甜品声名鹊起，成为古城中的著名小食店铺。

1911年创办的“胡荣泉”因其小食“鸭母捻”香甜可口而声名鹊起，成为潮州古城一家著名的小食店

（二）潮州瀛洲酒楼

瀛洲酒楼是由潮州北门外绅士林慰臣于1925年开办的，该酒楼位于现太平路状元亭巷头，共有四层，第一、二层是酒楼，第三、四层为旅社，每层约200平方米。

瀛洲酒楼经营潮州菜筵席，主要制作潮州传统名菜，品种除海鲜、家禽畜、蔬果类外，还经营燕翅鲍类高档潮州菜菜肴。由于该酒楼做工精细，注重原料质量，菜肴具有浓郁的潮州风味，自开业以后，生意一直十分红火。除此之外，瀛洲酒楼在经营上还有一个十分突出的特点，就是凡筵席必配点心，这些点心多为潮州各类名小食，如肖米、水晶包之类。

在瀛洲酒楼主厨的，都为潮州本地潮州菜名厨师，如管罗立、沈瑞霖等。

瀛洲酒楼到抗日战争爆发的时候，便停止营业。

（三）汕头擘天酒楼、中央酒楼、陶芳酒家

我们知道，汕头自1860年开埠以后，由于逐渐成为粤东地区的第一商业城市，潮州菜也随之迅猛发展。随着商业的逐年繁盛，到了20世纪30年代，汕头市的商贸达到了空前繁荣。经济的兴盛，有力地促进饮食业的发展。正如《潮梅现象》一节所描述的一样："汕头巨商及内地殷户在汕头行乐者，为数甚多，故大酒店的建筑如雨后春笋。"这个时期应该是汕头市潮州菜发展的鼎盛时期，光是汕头市最著名的潮州菜酒家便有近30家，其中享有盛誉的是陶芳酒家、中央酒楼、擘天酒楼这三大潮州菜名酒家。甚至

这是20世纪30年代的汕头中央酒楼使用过的炖盅，保留至今约90年

20世纪30年代汕头中央酒楼旧址

当时社会上还流传着这样的潮州方言民谣："陶芳好鱼翅，中央好空气，永平好布置。"

这些历史名酒家均有两个较突出的特点：一是这些名酒家均是汇集了当时一流的潮州菜烹饪高手，诸如许香童、许响声、周树杰等。因此我们可以说，这些酒家从某一个方面，已经代表了当时潮州菜烹饪的最高水平。二是这些酒家烹饪的潮州菜，均有自己受社会认可的名牌菜。

五 潮州菜在国内

在中国众多菜系中，以一种地方名菜而走俏全国各地，受到国内各不同饮食习俗的人群所喜爱和欢迎的，大概只有潮州菜。

潮州地区处于粤东，从历史上来看，那是一个比较偏僻、闭塞的地方，用我们今天的话来讲，即是处于"省尾国角"。大概正是这一原因，使潮人在饮食上具有一种顽固的保守和排外性，也即是潮人喜爱自己家乡的饮食，很难让他们也喜爱外地的菜肴和饮食。直至今天为止，在整个潮州地区，很难找到一家上星级的、生意红火的"淮扬菜馆"或是"鲁菜大酒楼"。但潮州菜作为源于潮州地区的一种地方菜系，却能够走出潮州，出现在全国各地，这种现象确实值得我们去认真探索。这主要是因为潮州菜本身的特色迎合了国内、国际的饮食潮流。如潮州菜在烹调原料上，擅长烹制海鲜、蔬果，强调突出菜肴的原汁原味，避开肥腻厚味而以清鲜为特色，同时注重养生食疗等这些鲜明特点，都是现代饮食界人们所追求的东西，也是当今国内外、国际饮食潮流发展的趋势，因而今天潮州菜能够脱颖而出，深受国民的欢迎，也就不奇怪了。

当然，潮州菜走向全国，在国内各地的传播，这在潮州菜本身的

东北沈阳市和平区的“潮州城大酒店”以垂地大布条打出潮州名菜的大招牌

上海市经常可见到这类醒目的潮菜酒楼大招牌

发展史上是有个过程的。应该说，潮州菜最早在国内其他城市出现的地方是上海和广州。

潮州菜最早在上海出现，可以追溯到清代乾隆嘉庆年间。那时候，清王朝对海禁渐渐放宽，于是各种海上贸易开始活跃起来，而潮州人历史上向来有海上贸易的传统，于是不少到江浙一带做生意的潮州商人便集结到当时的贸易中心上海，时间一久便形成了一个潮州商人的大帮派。这些在上海的潮州商人不论是谈生意，或是日常消遣应酬，都喜欢到自己的家乡菜馆——潮州菜馆，于是潮州菜也就随着潮州商人跻身于大城市上海。

同样情况，自1843年上海开埠以来，来自各地的各帮派商人大量集结在上海，各地菜馆也纷纷在上海安营扎寨，这样就形成了一种全国各种帮派菜系汇集上海的局面。潮州菜馆在这种竞争激烈的情况下，努力突出潮州菜擅长烹制海鲜、菜肴原汁原味、具有浓郁家乡风味的特色。同时利用这一机会，努力学习吸取各种帮派菜系的优点和特色菜肴，从而使自己的潮州菜日趋完善。在上海这座大城市，第一次树起了潮州菜旗帜，使潮州菜在当时的上海不但为潮州商人所喜爱，同样也为来自全国各地的食客所接受、认可和青睐。潮州菜扎根上海，可以说是潮州菜在历史上第一次成功地向外地扩展。据一些历史资料记载，1839年，上海有一家名叫“元利”的潮州饼食店，因而我们可以推断在这一时期，甚至更早一些时候，上海已有不少经营潮州菜的酒楼菜馆。正如唐振常先生所说的：“昔日上海，潮州菜馆颇多。”自此以后，潮州菜便在上海这一东方大城市相沿发展下来，时至今日，潮州菜已在上海饮食界占有重要的一席之地，与川菜、京菜、淮扬菜、鲁菜等并驾齐驱，在菜式口味上独树一帜，其中较有名的潮州菜馆便有“潮江城”“宏泰大酒家”“大大酒家”等。

位于广州市广州大道南的豪华高档的潮州菜酒楼

潮州菜进军广州，则相比上海要迟一些。广州作为广东的省会，也是潮人汇聚之地，且广州毗邻港澳，为南方主要大都市。广州人素来重视饮食文化，有“食在广州”之称。潮州菜和广州菜同属广东菜，它们在很多方面都有相似相通之处，特别值得一提的是，潮州菜一代宗师、在国内享有盛誉的著名潮州菜大师朱彪初，他从事潮州菜烹制最辉煌的大半生，是在广州华侨大厦主厨。20世纪50年代，他曾在广州为毛泽东主席65岁生日烹制潮州菜寿宴。东南亚一带的不少华侨也亲自

潮州市潮菜特级厨师刘宗桂师傅2000年10月在广东省珠海市国际会议中心酒店烹制潮菜

前往广州品尝潮州菜风味，可见潮州菜在广州发展之快及影响之大。1981年8月23日，泰国曼谷的《新中原日报》发表了一篇题为《潮州菜名家朱彪初》的文章，这篇文章真实具体地记载了朱师傅在广州从事潮州菜烹制的厨艺生涯，使我们能够从一个侧面看到潮州菜在广州传播及发展的真实情况。这里，我们把该篇文章附录本节之后。

至于潮州菜在香港，近半个世纪以来，发展也相当迅猛，这主要是由于香港和潮州相邻，水路直达，交通方便。香港有不少居民祖籍均为潮州人。此外，香港为国际商业城市，香港社会的繁荣必然带动饮食业的蓬勃发展，20世纪60—70年代，便有“食在香港”的美称，那么潮州菜作为香港饮食界的主要部分，当然也日益繁荣。

潮州菜在香港的起步，最早是在20世纪40年代，那时候香港的经济尚处在发展起步时代，居住在香港的潮人也多为创业、打工一族，因而那时候潮州菜虽已出现，但尚未为香港人所广泛接受，规模仍然很小，大体为潮州牛肉丸、沙茶粿之类的街头小食，满足在香港打工的潮人的饮食需要。

随着香港经济的日益昌盛，随着潮人在香港日益增多，潮州菜

2004年10月6日，香港著名潮籍爱国实业家陈伟南先生（中），香港潮籍国际汉学大师饶宗颐先生（左），在香港英皇俊景大酒店亲切会见许永强老师，关切询问家乡潮州菜的发展情况

作为一种地方菜系，才逐渐名正言顺地出现在香港，才有一些初具规模的潮州酒楼、菜馆出现，最早出现的潮州酒楼有“环球潮州酒楼”“暹罗燕窝潮州酒楼”。这些酒楼的出现，为香港饮食业带来一股清新空气，虽然不像现在那样影响深远，但那独特的潮州风味已经给人们留下了深刻的印象。

香港饮食天地出版社80年代出版的《潮菜美点精华》画册

潮州菜在香港真正成大气候，应该是在20世纪80年代，其中最值得一提的是1978年在香港九龙加拿芬道开业的“金岛燕窝潮州酒楼”。该酒楼开业即一炮打响，以不同凡响的传统正宗潮州菜名肴展现在香港各界人士面前。自此潮州菜在香港名声大振，潮州菜一时间竟成了香港人最为喜爱的美食佳肴，不少日本、新加坡、马来西亚、泰国等地的客人也纷纷慕名前来香港品尝潮州菜，这些都为潮州菜在香港的发展打下了坚实的基础。

20世纪80年代以后，随着香港经济的日益繁荣，香港潮人的增多，潮州菜更是有了长足的发展。这个时期香港潮州菜有两个突出特点：一是档次高、管理规范的潮州酒楼不断涌现，较为有名的有“潮州酒楼”“潮江春酒楼”“百德潮州小馆”“榕江潮州酒家”“佳宁娜潮州酒家”等。二是擅长烹制新派潮州菜、创新潮州菜，这是因为香港作为饮食大都会，世界上各种烹调技艺、烹饪流派均汇集于此，竞争十分激烈，潮州菜要在香港求得发展，争得立足之地，就必须在保持潮州菜风味特色的基础上，不断吸取各派各系先进的烹调技艺，烹制出各种适合香港饮食潮流的新派潮州菜、创新潮州菜。今天，我们从整个潮州菜发展的状况来看，许多新派潮州菜、创新潮州菜均是来自香港。

今天，随着我国改革开放的深入，经济建设的发展，人们生活水平的提高，各种星级潮州菜馆、酒楼更如雨后春笋般涌现在祖国大江南北，潮州菜已经成为深受我国人民喜爱和接受的一种高档次菜系。

附一：

潮州菜名家朱彪初

（泰国曼谷《新中原日报》1981年8月23日文章）

广州华侨大厦的潮州菜，款式多，富有地方风味，素为海内外人士称道，许多潮籍华侨和港澳同胞虽然下榻在东方、白云等宾馆，却常常驱车到华侨大厦一尝家乡菜。华侨大厦烹饪潮州菜的名家，是潮安人朱彪初。

朱彪初今年57岁，身材魁伟，爽朗健谈，戴着一副黑边眼镜，写得一手好毛笔字，乍见的人都以为他是知识分子，其实他只读过一年书，八岁便辍学当童工了。1938年，他随兄朱光耀在汕头“海云天菜馆”打杂，提水洗菜做粗活，该店的大师傅周木青见他聪明伶俐，勤快好学，收了他做徒弟。周师傅曾在当时汕头四大酒家之一的“中央酒家”做第一后锅，烹调、砧板、打荷、采购，样样皆精。朱彪初一边打杂，一边在周的指点下学烹饪和刀章功夫，渐得其真传，几年之后，当他到兴宁的潮州菜馆“光华楼”时，已经是身怀技艺的师傅了。后来，朱彪初和朱光耀兄弟俩来到广州，在惠福路大佛寺的街口开设摊档“朱明记”，经营潮州鱼品粉面、包办潮州筵席和煲仔饭。那时，广州还没有潮州菜馆，在一德路、十三行、天成路一带的潮汕行口每每宴客，都请他办席。因为手艺高超，光顾者日众，许多潮籍华侨如蚁美厚等也常请他代办筵席。以后，华侨宾馆相继聘请朱氏昆仲当厨师。1957年华侨大厦开业，兄弟俩并在华侨大厦执掌厨政。朱彪初精通潮州菜各种烹饪方法，历年烹制潮州菜款式在千种以上。有一次，一批日本友人在华侨大厦摆“全鸡宴”，他用鸡作原料，制出金牌豆酱鸡、龙凤鸳鸯和水晶菊花鸡等十多款色、香、味、形皆佳的潮州菜，使满座宾客惊叹不已。朱彪初的拿手菜是烟香鸡。将腌过的鸡蒸熟，然后把茶叶、甘草、桂皮、花椒等置镬中炒拌，再把鸡架盛放镬中，施文火熏制。这款菜原为冷荤，薰好后蘸川椒油冷吃，朱把它改为冷、热荤，冷吃热吃随各选择，他还将薰好的鸡起件后拌以油盐味料，吃来更香口美味。护国菜和烧雁鹅也是他的拿手菜，红烧大白菜、红烧鱼翅和潮州大鱼丸以及糕烧白果、芋泥等传统潮州菜，都是他拿手烹制的菜肴。有一次，朱师傅同广州几位厨师到北京、上海、天津、南京、苏州、杭州、无锡等地交流烹饪技艺，他在上海一次技术表演中，用竹笋雕出20多种笋花，获得举座南北名厨的赞誉。他在冬瓜盅的瓜青上雕花刻字，每令宾客叹为观止。

1982年，朱彪初师傅在广州华侨大厦为前来学习潮州菜的南京厨师示范潮州菜制作

朱彪初还善制筵席潮州糕点，所制水晶包尤为精巧。一位日本华侨吃后，特地带几十只回东京。现在，朱彪初除掌管华侨大厦厨房外，还到深圳、拱北等地的华侨大厦传艺。朱光耀年事已高，前几年已退休。

附二：

香港地区为何将潮州菜称为“打冷”

20世纪50年代初，很多从事潮州菜烹制的师傅前往香港谋生，那时候香港各方面条件还比较简陋，有些师傅便将各款烹制好的潮州美食，诸如鱼饭、卤鹅、卤猪头肉、潮州杂咸、潮州小食等装在竹篮中，用竹制的扁担挑着上街叫卖。那时候，有些讲潮州话的潮州居民，见到街上挑竹篮叫卖潮州菜食物的师傅，想购买菜肴，便按潮州地区称呼做工人的习惯，大呼“担篮个过来”。当地讲粤语的人听不懂这句话的意思，但潮州话“担篮”和粤语“打冷”两字发音相近，久而久之，当地居民便将潮州菜肴称为“打冷”。

六 潮州菜在世界各地

潮州菜在世界各地传播，是和一部潮藉华侨史密不可分的。潮州地区历史上由于地少人多，生产条件落后，很多人感到难以在家乡发展。由于潮州面临大海，有多条直通南洋各国的海道航线，因此在很早的年代，潮州人便开始向海外移民。我们根据潮州华侨史，可以知道从明代开始，潮州地区已经有向海外移民，特别是清代更是具有较大的规模，一直到20世纪中叶，潮州移民仍然相延不绝。这些潮藉华侨到了东南亚各国，甚至欧美一带，开始都是从事一些十分艰辛的行业，诸如采矿和修筑铁路，生活条件十分艰难。但是由于潮人具有刻苦勤奋、善于经营的优良传统，经过多年的艰苦奋斗，这些潮藉

新加坡百龄美食集团开设的“潮州城海鲜酒楼”于1999年开业，特聘潮州菜特级厨师马陈忠师傅前往主理厨政

华侨终于在各国争得一立足之地，时至今日，不少人甚至成为当地著名的企业家。

这些潮藉华侨到了异国之乡，仍未能改变自己的饮食习惯，依然十分喜爱自己的家乡饮食，而不适应外国的饮食习俗。于是在这些有潮藉华侨打工的地方，就开始出现一些经营潮州菜、潮州小食的小摊档，诸如潮州粥、潮州牛肉丸、潮州粿条汤之类。经营这些小食摊档的多为一些打工的潮藉华侨，而光顾这些潮州小食摊档的也多是在当地打工的潮藉华侨。但是，随着潮藉华侨在这些地方经济上的发展及事业上的成功，富有潮州风味特色的小食摊档也慢慢发展起来，逐渐开始经营正宗的潮州菜，一些中高档的潮州菜馆、酒楼也开始出现。那么在东南亚一带，最早出现初具规模的潮州菜馆应该是在什么时候呢？我们根据一些相关的历史资料以

2004年9月，潮州菜名厨师许永强应邀赴新加坡示范表演，图为许永强（左一）在新加坡国家电视台演播厅接受记者采访

2004年9月29日，潮州菜名厨师许永强在新加坡发记潮州大酒店为新加坡餐饮业同行及新加坡各界人士表演潮州名菜制作（新加坡 张雪芳摄）

新加坡潮州菜名酒店“发记酒楼”

及一些潮藉老华侨的回忆，认为起码是在潮州海外移民最具规模的清代。清代光绪年间，有个叫潘乃光的商人，多年经商奔波于东南亚一带，光绪二十一年（1895年），他写了一组题为《海外竹枝词》的组诗，详细记叙了他出国的见闻和感慨。其中有一首描述了他在新加坡酒楼的情景：“买醉相邀上酒楼，唐人不与老番侔。开厅点菜须庖宰，半是潮州半广州。”从这短短的四句诗里，我们起码可以看出两个问题：第一是在海外的潮藉华侨，他们到了国外之后，还是保留着家乡的饮食习惯和爱好，因此他们还是不喜欢和当地的外国人一起饮食；第二是中国菜在当地已占有相当大的市场，而在国外的中国菜中，潮州菜已可与广州菜并驾齐驱了。

近几十年来，潮州人的足迹也踏遍欧洲、拉美各国，他们所到之处同样带去了中国潮州菜。富有浓郁潮州风味的潮州菜很快引起当地华人和各国人民的关注和喜爱，各种中高

美国加州的一间“潮州菜馆”

档潮州菜酒楼菜馆也就在欧美各国应运而生。例如在美国，最早经营潮州菜的地方是加州和波士顿，开始也是经营一些中低档的潮州饭菜、小食之类。由于富有特色，生意红火，所以很快便出现经营正宗潮州菜的中高档酒楼菜馆，所供应的菜式既有“菜头粿”“笋粿”“水晶球”之类富有潮州地方特色的小食，也有潮州菜中的高档菜肴，如“红炖鱼翅”“生炊龙虾”“明炉烧蚉”之类的菜肴。而且这股潮州菜热也很快影响到美国东部各大城市，据不完全统计，单是在纽约，便有“福满楼”“潮江春”“帝豪潮州海鲜酒家”“明珠大酒店”等十多家高档豪华的潮州菜酒楼。

至于欧美其他各国，几乎每一国家均有潮州菜馆，诸如法国、西班牙、巴西等，甚至连较小的国家如摩洛哥，也有潮州菜馆。尽管这些潮州菜馆经营潮州菜的方式、规模不尽相同，但都为宣扬优秀的中国饮食文化，为促进中国人民和各国人民之间的友好往来做出了贡献。

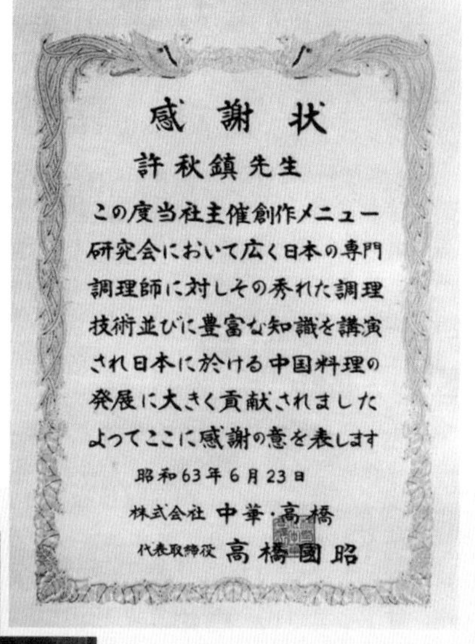

感謝状

許秋鎮先生

この度当社主催創作メニュー研究会において広く日本の専門調理師に対しその秀れた調理技術並びに豊富な知識を講演され日本に於ける中国料理の発展に大きく貢献されました
よってここに感謝の意を表します

昭和63年6月23日

株式会社 中華·高橋

代表取締役 高橋國昭

1983年，日本朋友邀请潮州市潮州菜老前辈许秋镇师傅前往日本表演潮州菜，图为日本朋友特送给许秋镇师傅的荣誉奖状

在日本期间，日本朋友和许秋镇师傅一起品尝潮州菜

七 潮州菜烹调技艺

（一）潮州菜常用烹调方法

潮州菜从发展的历史上来看，是吸取中原一带先进的烹调方法，用以烹制潮州本土物产而形成的，因此潮州菜常用的烹调方法有很多应该是和中原一带菜系的方法一致的，但由于烹饪原料、饮食习惯及爱好不同，潮州菜在长期的发展过程中，也形成了一些自己独具特色的烹调方法，比如“返沙”“糕烧”“醉”等。此外还有一种情况就是烹调方法实际一样，但潮州菜和其他菜系对这种烹调方法的叫法却不一样，比如广州菜的“煎”，潮州菜却称为“烙”；广州菜、北方菜的“蒸”，潮州菜却称为“炊”；广州菜、北方菜的“烤”，潮州菜却称为“烧”，如广州的“烤小猪”，潮州菜称为“烧猪”。今天随着潮州菜的发展，以及不断学习吸取外地菜系甚至西餐的一些烹调方法，烹制出一些新派潮州菜，所以今天潮州菜的常用烹调方法比过去传统正宗的潮州菜更加丰富。

1. 炒

潮州菜“炒”的烹调方法和粤菜“炒”的烹调方法在操作方法上基本一样，都是将加工成丁、丝、条、球、片等小形原料投入炒鼎，在旺火上急速翻炒使其成熟的一种烹调方法。可以说“炒”是潮州菜使用最为普遍的一种烹调方法。

“炒”的烹调方法可以根据原料、操作程序的不同而分成多类，但在潮州菜烹调中，炒的方法最主要有两类：

田园炒素蔬

雀巢海中宝　制作者：潮州菜高级技师刘宗桂

红腰豆百合掌中宝

第一类是走油炒法，即将加工好的原料先在六七成热的油锅中走油，至原料八成熟，倒入漏勺沥净油，再倒入炒鼎，调味，急速翻炒，勾糊，加包尾油装盘。炒之前原料的走油如果是动物性原料，一般要先上浆。这一类炒法在潮州菜炒类菜肴中占较大比例。如“川椒炒鸡球”“炒麦穗花鱿”“素炒松仁”“菜白炒虾仁”等。

第二类是生炒法，即原料不经上浆，直接放入炒鼎中翻炒，经调味直接装盘，一般不勾糊。这类炒法在潮州菜中主要是用于生炒各种蔬菜。

潮式香辣糕蟹　制作者：潮州菜高级技师廖春泉

火龙果炒虾仁

潮州菜在长期的发展中，对炒的烹调方法积累了丰富的经验，对炒的技术要求也很严格。一般来说，潮州菜要求炒的菜肴色泽鲜艳、味道鲜美、勾糊准确，这就要求在炒时，根据原料质地大小而灵活掌握好火候和油温。走油炒法因大多是旺火急炒，故在调味和勾糊时，有时采用对碗糊，即将所需调味品和湿粉水、少许上汤一起调和于碗中，再一次倒入炒鼎中，略为翻炒即装盘。走油炒法的菜肴，要求菜肴吃完后，盘中尚剩下半汤匙多的芡汁为准确。

“猛火厚朥芬鱼露”这句潮谚指的是潮州菜在炒制菜肴时，要用较大的火力

潮州菜历来对“炒”的烹调方法都极为重视，“猛火厚朥芬鱼露”（“朥”为潮州方言，即油类，一般指猪油）这句潮州菜烹调俗话，便是潮州菜在实践中对“炒”的技术要求的经验总结。

2. 炖

“炖”在潮州菜中，有两种做法。第一种是隔水炖，这是一种间接加热的处理方法，即通过炖盅外的高热（蒸气），使盅内汤水温度上升至沸点。第二种是指把肉料放入锅中加水，大火烧开后，用慢火长时间熬。潮州地区习俗，妇女生小孩，为滋补营养、增加奶汁便

最具潮州菜清鲜特色的“清炖菜头丸”

潮州名菜橄榄炖角螺

要喝浓鸡汤，拿老母鸡放进锅中加水长时间慢火细熬便称为“炖老母鸡”。我们讲到潮州菜“炖”的烹调方法，主要是指第一种做法。

潮州菜筵席重视汤菜，而潮州菜筵席的汤菜大部分是使用隔水炖的烹调方法烹制的，所以“炖”的方法在潮州菜中占有重要的地位。

潮州菜隔水炖的方法，一般是先将原料（主要是动物性原料）放入沸水中略滚（时间的长短要视原料的多少、老嫩，一般是半分钟至一分钟），然后放入清水中洗去血污，接着再放入瓷制或陶制的炖盅中，加入各式配料，如中药材人参、枸杞、沙参、玉竹等，以及葱、姜、调味料，加入上汤，盖上盖子，放在蒸笼置于沸水之中炖。炖的时候要注意根据原料的老嫩而掌握好炖的时间，如果炖的时间不够，则原料炖不透，汤水缺少香浓味道；如果炖的时间过长，则又过于熟烂，原料会散失鲜嫩味。

潮州菜之所以重视用隔水炖的方法来烹制汤菜，

潮式小佛跳墙　制作者：潮州菜荣誉大师翁泳

主要是因为原料和汤水放在炖盅中加盖密封，利用炖盅外的蒸气加热，故炖盅中原料香鲜味不会走失，能更好地保存原汁原味。另外，隔水炖因是密封后通过炖盅外蒸气加热，故原料的营养成分能慢慢溶解于汤水中，便于人体吸收。潮州菜炖品往往和药膳结合起来，在炖品中除以动物性原料为主料外，还加入各式保健滋补药材。

清炖甲鱼　制作者：潮州菜高级技师黄武营

潮州菜炖品常见的有“酸菜炖乌耳鳗”“橄榄炖猪肺”“霍斛炖田螺”“洋参炖乌骨鸡”等。

3. 炊

潮州菜烹调方法中的“炊”，也即是粤菜烹调方法中的“蒸”，是一种以蒸气传导加热的烹调方法。潮州菜以擅长烹制海鲜见长，许多名贵海鲜在潮州菜中，如龙虾、石斑鱼、膏蟹、带子等，为保持其原汁原味，大都采用炊的方法，诸如“生炊龙虾”“生炊石斑”等。

潮州菜过去炊的工具，一般都采用藤编炊笼，一格一格地叠起来，放在生铁铸成的大鼎上来炊。藤编的炊笼自有其优点，即透气性能好，炊的时候水蒸气能透过炊笼飘散出来，不至于变成水珠滴在所炊的原料上，但这也是其不

橄榄糁炊鲫鱼

足的地方，即水蒸气能透过炊笼飘散出来，故也影响了炊笼中的温度和压力。现在随着烹调工具的改进，许多酒家炊笼都改用不锈钢炊笼，或连成一整体的不锈钢炊柜，这样水蒸气不容易透出来，炊笼中温度和压力加强。但水蒸气因不易透出，往往化成水珠滴在原料上，影响了菜肴的味道和形态。

潮州菜厨房中负责炊笼的青年厨师

"炊"是潮州菜中极其重要的一种烹调方法，也是最常用的一种烹调方法，故潮州菜对"炊"的技术要求也较高，总的来说有以下几点：

第一，潮州菜强调不论炊任何菜肴，一定要等水沸腾了才能把原料放入炊笼炊，如果水还未沸腾，就把原料放入炊笼炊，这样炊笼中的冷气下降，就会使炊出来的菜肴不够爽滑而变晦。

第二，在炊的过程中不能中途加冷水或热水，因为中途加水会改变炊笼中的温度，影响原料受热的连续性，从而影响菜肴的质量。

第三，在生炊一些鱼料海鲜菜肴时，为使原料上下受热均匀，加速水蒸气在原料上下左右的对流，潮州菜厨师往往在鱼盘上放一支竹签，垫在鱼的中部。

潮州菜生炊鱼类、海鲜类菜肴与粤菜大同小异，所不同的是，潮州菜生炊鱼类海鲜都是把鱼从炊笼中取出，撒上葱丝、红辣椒丝、姜丝，往鱼盘上淋上少许老抽，再把滚油从鱼身上淋下即成；而粤菜蒸鱼类海鲜则往往把盘中的水倒掉，另起锅上汤、调味、勾芡，再淋在鱼身上。

附：

潮州菜为何将“蒸”这一烹调方法称为“炊”

“蒸”这一烹调方法是中国烹饪最为普遍的烹调方法，在中国所有菜系中，几乎都有“蒸”这一烹调方法。但为何潮州菜却单独将“蒸”称为“炊”呢？其实在宋代宋徽宗政和年间以前，潮州菜和其他菜系一样，都将这一烹调方法称为“蒸”，但因为“蒸”和“政”同音，为避讳皇帝年号“政和”，便改“蒸”为“炊”。

后来宋徽宗皇帝去世，其他地区的菜系均把“炊”又改为原来的“蒸”，而潮州地区因为地处偏远，不知道这一情况，便把“炊”这一叫法一直沿用至今。

4. 炆

“炆”是潮州菜常见的烹调方法之一，即是将经过炸、煎、炒的原料加入调味品和汤汁，用旺火烧开后再用小火长时间加热使其熟的烹调方法。炆的特点是汁浓味厚，酥烂鲜醇。

潮州菜“炆”的烹调方法比较强调原料在炆之前要经过油炸，故潮州烹饪有“逢炆必炸”的说法。原料经过油炸后，在炆的过程中比较定型，不至于太软烂，同时在炆的过程中容易入味，故潮州菜厨

花菇炆鹅掌是潮州菜宴席的重头菜之一

木瓜炆鱼鳔

红炆鹅掌　冬笋炆鱼膘　制作者：新加坡潮州菜发记酒楼

师在炆之前，往往要把原料炸透，炸成硬块（主要是动物性原料）。

另外，潮州菜“炆”的烹调方法还比较重视火候，把炆看成是一种“火功菜”。在炆的过程中，应该是先大火，让大火把原料的异味、杂味挥发掉，随后转为中小火，让原料入味及至原料香醇，直至快装盘时，再转为大火，收浓汤汁。

潮州菜根据所用的调味品和菜肴的色泽，把“炆”分成两大类。第一类是红炆，即炆时放老抽和少许白糖，菜肴成色深褐，如“红炆脚鱼”“红炆芦鳗”。第二是清炆，即炆时只放入鱼露、味精、胡椒粉之类的调味品，菜肴色泽清淡，如潮州菜传统菜肴“冬笋炆鱼膘”就属于清炆。

5. 炸

“炸”同样是潮州菜一种常用的、主要的烹调方法，它的主要特征是以食油为传热介质。

在潮州菜中，炸的烹调方法同样具有悠久历史，大概在

炸酸甜桂花鱼　制作者：潮州菜高级技师黄武营

炸金丝虾球

酥炸海鲜卷

中唐时代，潮人已经懂得使用炸的方法烹制食物。然而潮州处于亚热带地区，地气温湿，如果经常吃炸的食物，容易上火（潮人称为“浮火”），所以在潮州菜中，炸的菜肴不可能占很大比例。但由于炸制菜肴香酥脆嫩，而且潮州菜的一些菜肴在烹制之前需要先将原料炸制，所以炸的方法在潮州菜中还是属于一种主要的烹调方法。

“炸”的方法较复杂，技术要求也较高，其主要的核心便是油温的控制。如果油温控制得不好，原料往往外部炸焦而内部不熟，再不就是未能达到香酥脆嫩的效果。油温高低往往决定于原料的多少、老嫩，如果原料较多，下油锅时要大火，然后转入小火，甚至端离火位让其浸炸，最后将要炸毕时再转为大火；有时还要复炸，即炸完一次

脆皮大肠　制作者：潮州菜高级技师卢银华

百香果虾酥　制作者：中国烹饪大师翁泳　　脆皮芒果卷　制作者：中国烹饪大师翁泳

后将原料捞出，晾干约5分钟，让原料中的水分充分挥发，然后再放入油锅中炸一次，这样才能达到色泽金黄、外酥内嫩的效果。

潮州菜“炸”的烹调方法主要有以下几种类型。第一种是清炸，即原料不经挂糊上浆，直接投入油锅中炸制，如潮州菜中的“炸腰果仁”“炸花生仁”“返砂芋中炸芋条”等。第二种是干炸，即将原料用调味品拌匀，作为菜肴的基本味，再拍干粉或挂糊，然后下油锅炸至熟。干炸在潮州菜炸制菜肴中占很大比例，如“干炸凤尾虾”“佛手排骨”“干炸果肉”等，干炸的菜肴外酥内嫩，色泽金黄或深褐色。第三种是酥炸，即在煮熟或蒸熟的原料外面挂糊，再下七八成热的油锅中炸制。酥炸的菜肴外层深黄色或深褐色，特别酥香。潮州菜中运用酥炸的代表菜有“巧烧雁鹅”“糯米酥鸡”等。

潮州菜炸制菜肴上桌时往往配有橘油、梅膏或茄汁之类的酱碟，如果没有配酱碟，则往往要在炸好的菜肴上淋上胡椒油，这也是潮州菜炸制菜肴的一大特色。

6. 油泡

“油泡”也是潮州菜中一种常见的烹调方法，它是将原料上浆后，下油锅走油至熟，倒入漏勺沥尽油，炒鼎下料头，倒入原料，下调味品，勾糊，翻炒均匀即成。

“油泡螺球”是一道年代久远的传统潮州菜

油泡的关键是掌握好火候、油温，勾糊和调味恰当。油温的控制要根据每个菜肉类厚薄、大小、受火与不受火而确定，油泡菜肴的勾糊标准是“有糊不见糊流、色鲜而匀滑、不泻油、不泻糊”，应该说油泡菜肴的糊汁比炒类菜肴更少。

油泡和过油炒法的主要区别在于，油泡菜肴没有配料，而炒类菜肴有配料.如“炒麦穗花鱿”便有笋花、青椒、香菇等配料，而“油泡鲜鱿”便只有鲜鱿这一主要原料。

油泡虽然没有配料，但却有特定的料头。潮州菜油泡菜肴的料头主要有蒜头朥、红辣椒茸、鲽（铁）脯末、香菇幼丁、肥肉幼丁等。值得一提的是，潮州菜油泡菜肴的料头没有姜茸，而广州菜油泡菜肴的料头有姜茸，这是很大的区别，应加以注意。

7. 焗

“焗”是潮州菜传统烹调方法之一，在古代，潮州土著居民已经懂得使用陶器焗制食物了。

潮州菜焗的烹调方法总的来说，即是利用蒸气使密闭容器中的原料变熟。原料经焗制后受热膨胀而松软，水分蒸发，吸收配料、调味

“豆酱焗鸡”是传统潮州菜使用“焗”的烹调方法最有代表性的菜肴之一

潮式焗干鲍　制作者：潮州菜高级技师翁泳

茶香焗围虾　制作者：潮州菜高级技师卢银华

红腰豆焗海参

料的味道，形成其特有的质感风味。

这种烹调方法最有代表性的菜肴便是“豆酱焗鸡”。其制法是光鸡宰杀后，用各种调味品腌制，在砂锅（即煲）底部垫上白肥肉，把鸡放上，将少许上汤沿煲内壁慢慢倒入煲内，盖上盖。用湿棉层纸把盖缝密封好，放炭炉上烧开后，用小火慢慢焗至鸡熟。此菜由于原料放入煲中密封焗制，故其最突出的特点便是味道特别浓香、嫩滑，很有潮州地区独特风味。

在潮州菜中，焗制菜肴具代表性的还有“焗鲍”。其制法是将鲜鲍鱼肉整个过油，用竹签在其身上扎孔，使其入味，砂锅底部同样垫上白肥肉，放上鲍鱼，倒入上汤，调味，盖上盖，放炭炉上烧开后，用小火焗一个小时左右，鲍鱼肉切片摆盘，原汁勾糊淋上。

8. 白灼

“白灼”的烹调方法，即是将原料投入烧开的沸水中烫至成熟，再蘸酱碟或拌和调味品进食的一种烹调方法。“白灼”的特点是烹制方法较为简单，因此也能较好地保持原料的原味。潮州菜中一部分海鲜类菜肴，为保持突出原料原有的鲜美味道，也都采用白灼的方法，如潮州菜中的“白灼虾蛄”“白灼角螺”“白灼蚶”等，均久负盛名。

“白灼”以沸水将原料烫熟，水中一般是不加调味品的，但有时为了去掉海产品原料的腥味，也可在水中加入姜葱酒。有些厨师在烹

白灼响螺（即蛩螺）

“白灼虾蛄”最大限度地保留了虾蛄原有的鲜美味道

制白灼类菜肴时，往往在水中加入盐，这是大可不必的，因为盐具有渗透压的特性，往水中放盐会影响原料的爽脆度。至于担心不放盐会使原料清淡无味，这是不用顾虑的，因为原料在水中烫熟后，还须蘸酱碟或拌和调味品后才进食。

“白灼”的烹调方法要求菜肴爽脆，故其烹制的要点便是要根据原料的质地掌握好水的温度和原料在沸水中烫的时间。如“白灼角螺”，因温度太高角螺肉会变韧变老，故“白灼角螺”只能是在蟹目水时，把片好的角螺放入水中烫，而不是在水沸腾的时候；其次灼的时间也不能过久，约5~6秒即可捞起。

9. 烙

“烙”是潮州菜常用的烹调方法之一，也即是一般烹调方法中的“煎”。具体方法是用少油小火，使原料紧贴鼎底，加热至金黄色，再翻转另一面紧贴鼎底，

潮州菜烙金鲳鱼

同样加热至金黄色。

我们说“烙”也即是一般烹调方法中的“煎”，是因为在潮州菜厨师中，很少有厨师说“煎”，而凡用到一般烹调方法“煎”的，潮州菜厨师都是说“烙”的。如其他地方菜“煎鱼”“煎蛋”，潮州菜厨师都是说“烙鱼”“烙卵”，甚至用“煎”的方法制作的菜肴都用“烙”作其名，如“蚝烙”“秋瓜烙”等。

“烙”的烹调方法在潮州菜制作中运用普遍，也是潮州家常菜常用的烹调方法。使用“烙”的方法要注意以下几个问题：一是烙之前，炒鼎一定要洗干净，并要烧热鼎后才能下油，这样烙的原料才不会黏鼎；二是烙的时候，炒鼎要不断运转，使原料在鼎中不断变换受热点而受热均匀；三是烙的原料在刀工时，要切得薄而平，便于烙的操作及使原料内部受热易熟。

烙的烹调方法在潮州菜中有两种情况。第一种是烙的原料是粉浆或蛋液之类的液体，经烙后凝固成圆饼状，如“烙菜脯蛋”“秋瓜烙”等。第二种是原料本身是固体的，直接下炒鼎烙至两面呈金黄色。

潮州家常菜——菜脯煎蛋

潮州菜名小吃——蚝烙

10. 卤

“卤”也是潮州菜最为普遍的烹调方法之一，它在实质上和其他菜系的卤是一样的，都是用各式调味品先熬制成汤汁，再将动物性原料放入汤汁中浸煮，至原料熟透入味。所不同的是，潮州菜的卤汁（潮州人俗称“卤钵”）所用的调味品不同，其中有使用潮州特有的调味品，如南姜等，故潮州菜的卤制品更具有浓厚的潮州地方风味特色。如潮州菜“卤鹅”，是潮州菜最具代表性的菜肴之一。

潮州菜卤钵的调制原料是清水3000克、桂皮5克、甘草5克、八角5克、红辣椒1只、老抽75克、白糖50克、盐50克、芫荽头25克、玫瑰露酒50克，以及用姜葱热出香味的鹅膀25克。

以上所有原料一并倒入大锅中（其中各种五香料要用纱布包成一包），放炉上烧开，然后用中小火熬60分钟左右即成潮州菜卤钵。

卤制各种肉料的方法是，把肉料放入卤钵中，大火烧开后，转入中小火浸卤，一般卤鹅需60分钟左右，卤鹅脚翅需15分钟左右。判断

久负盛名的潮州狮头鹅是潮州名菜卤鹅的主要原料

潮州狮头鹅

潮州卤鹅脚掌

肉料卤熟没有，可把肉料捞出，用铁叉插入肉料，如没有血水流出，一般已熟。

潮州菜卤钵调成之后，可多次使用，且使用愈久，其卤制出来的肉料愈浓香，这是因为经多次使用，卤水中溶进更多肉的香味。但

潮州卤水拼盘

潮州卤猪手

需注意的是，每次用完之后，卤钵最好放入冰箱中冷藏，以防卤钵变质；其次每过一段时间，都必须适当再加入以上所列的各种原料，以防卤钵味道变淡。

11. 醉

“醉”是潮州菜烹调方法的专用名词，可以说，潮州菜中“醉”的方法接近潮州菜的隔水炖，但时间上比隔水炖短。

所谓醉，本是指喝酒过多，引起神志昏迷，所以潮州菜烹调方法“醉”，是借用这个字来强调炖出来的菜肴的香醇。

潮州菜传统上用醉的方法，最突出的代表菜便是“醉菇汤”。其制法是把花菇用清水浸发后，洗净放入炖盅，把赤肉片开，摆放在菇上面，调入盐、味精、鸡油、川椒，倒入上汤，加盖放入蒸笼炖约半小时，捡去赤肉、鸡油渣、川椒粒即成。烹制此汤菜要注意的一点便是时间不能长，如时间过长就会导致花菇色暗无香、不爽滑而下沉。正因时间短，所以才把这道汤菜称为“醉菇汤”。

在潮州菜中，采用醉的方法的汤菜还有“清醉竹笙”“原盅醉鲜菇”等。

12. 返沙

“返沙”是潮州菜中烹制甜品的一种烹调方法，即把白糖融成糖浆，再把经炸好或熟处理的原料投入糖浆中，待其冷却凝固，糖浆成一层白霜般包裹在原料的外层，吃起来特别香甜可口。潮州菜使用返

使用中火，把鼎中的水和白糖用手勺不停地搅拌至糖浆浮起大泡

沙烹制的菜肴，如“返沙芋”“返沙番薯”“返沙腰果仁”“返沙咸蛋仁”等。其中把芋头、红心番薯切成长条，炸后返沙，一起摆盘上桌，潮州菜厨师还美其名曰“金柱银柱”“金条银条”。为什么潮州菜厨师把这种烹制方法称为“返沙”？这是因为潮州人把白糖称为沙糖，返沙是把沙糖融为糖浆，经冷却后又成为固体的糖粉，故返沙有“返回”恢复沙糖原状之意。

返沙芋

返沙的烹调过程是，先把炒鼎洗净，放入水和白糖（水和白糖的比例约为1：2），使用中火，用手勺不停地搅拌，至糖浆浮起大泡沫，用手勺盛起一勺糖浆，慢慢倒进鼎中，如观察到勺中全是大泡沫而没有液体状的糖浆，便可把经炸好或熟处理的原料快速倒入，并用手铲轻快地翻铲，对着原料吹风，直至糖浆在原料外层均匀地凝结成一层白霜般的糖衣即成。

返沙的烹调方法看似简单，实则技术要求很高，要掌握好返沙这一烹调方法，一定要注意三个关键环节，一是水和白糖的比例，二是控制好火候，三是掌握好原料倒入糖浆中翻铲的时机。

13. 糕烧

“糕烧”是潮州菜中烹制甜菜的一种最为传统的烹调方法。它的烹制过程是先将原料做初步熟加工（可以是炸也可以是水煮），然后再将原料放入糖浆中用文火烧煮。

“糕”在潮州话中含有液体浓度高的意思，如潮州方言“糕糕洋”就是指烂泥浆。故糕烧的特点应该是糖浆的浓度比蜜汁高。

潮州菜中的糕烧地瓜芋头

糕烧莲藕

一盘糕烧菜肴端上桌的时候，不应该有很多的糖水，因此潮州菜的糕烧有点像北方的“拔丝”，但又没有“拔丝”那么稠浓。如潮州菜传统的“糕烧白果”，其制法是沙锅用竹笪垫底，把已处理的白果肉倒入沙锅内，再取白糖盖在白果上面，然后用木炭炉文火煲至糖水成为稀糖胶即可。

潮州菜糕烧的最突出特点便是香滑浓甜。

14. 熏

“熏”是传统潮州菜一种较特殊的烹调方法。它的做法是将原料整只熟处理后，将茶叶、米饭、白糖、卫生香及川椒、八角等香料放入炒鼎中加热，并使之冒出香气，使熏气香味渗入原料之中。

“熏”的烹调方法因为制作较复杂，且有的人不喜欢这烟熏味，故熏的方法目前在潮州菜酒楼已很少使用了。但使用这烹调方法制作的潮州菜“美味烟香鸡”，却是潮州菜一代名师朱彪初师傅的拿手菜。

使用“熏”的方法，一定要注意火力的控制，因原料是已经熟处理的，故不是要用烟熏使其熟，而是要加热使熏料发烟渗味入原料，如火太旺则将原料烧焦，如火力太小则不能使熏料发烟，这个菜之所以要用木炭炉，是因为木炭的火力较均匀。

“熏”的方法虽然在潮州菜酒楼较少使用，但我们仍可以从它身上看出潮州菜烹调方法之丰富。

15. 烧烤

“烧烤”这一烹调方法在潮州菜中也称为“烧”，即把原料腌制后，涂上调有麦芽糖的糖浆，穿在烧烤专用的铁叉上，放在炭火上烘烤。

“烧烤”在潮州菜中应该说是历史最悠久了，因为潮州人最古老、最简单的饮食方法，就是把肉类穿在树枝上，放在柴火上烘烤至熟而食用。虽说历史最悠久，但在潮州菜中，使用这一烹调方法的菜肴却为数不多，其最突出的就是“烧猪”了，也即是我们平常所说的“烤小猪”。

潮州菜制作“烧猪”已有悠久的历史，早在20世纪20—30年代，这道菜已很有名气了。而制作“烧猪”，是潮州菜老前辈王惠亮师傅

潮州菜驰名烧鸭仔

潮州市潮州菜老前辈王惠亮师傅20世纪80年代在潮安旅社烧烤乳猪

的拿手好戏。新中国成立前王师傅13岁时，便在潮州美珍茶楼跟随老一代厨师学习烧猪技艺，一直烧到1999年王师傅68岁为止。王师傅烧出的乳猪色泽金黄，肥而不腻，皮酥肉嫩，令人百尝不厌。王师傅烧猪的经验主要有三点：一是小猪宰杀后要用清水漂浸3~4小时，以去除小猪身体上的污物，使猪皮色白松软，以便烧起来更酥脆；二是小猪上铁叉烧之前，在上麦芽糖浆之后，要再用清水冲洗一下，以免在烧烤过程中一下子烧焦；三是在烧烤过程中，火候一定要先武火后文火，这样猪皮才能更酥脆。

16. 冻

“冻”是潮州菜特有的一种烹调方法，即将菜肴调味熬煮成含有较高胶质的汤，待其冷却凝固后食用。在潮州菜中采用冻的烹调方法的菜肴主要是“猪脚冻”，潮州人又称为“肉冻”。该菜适宜在冬天食用，特点是肥而不腻，上菜时配鱼露酱碟，很有潮州风味，是潮州人喜欢的一道冷菜。

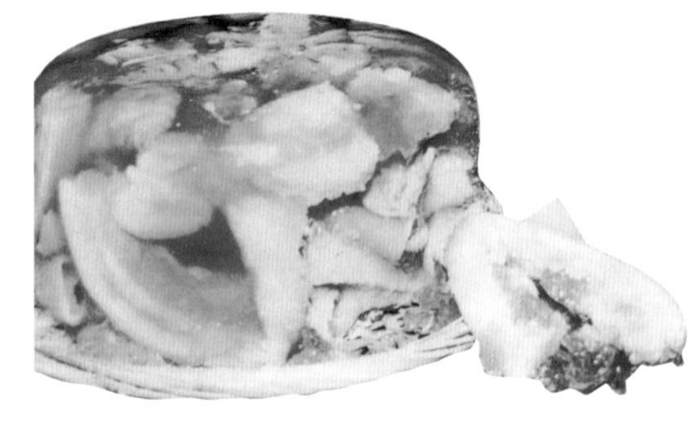
“肉冻”是潮州人很喜欢的一道冷菜

潮州菜冻鱼饭

潮州菜冻红蟹

在潮州菜中采用冻的方法的，除“肉冻”外，还有“冻金钟鸡”等菜肴，烹制这类菜肴，除采用降低温度外，有时还要加入适量琼脂（潮州人称为“东洋菜”），使其易于凝固。由于这些菜肴都是冷却凝固后食用，故口感大都清爽可口，肥而不腻。

17. 煲

“煲”是近十多年来潮州菜吸取外地菜系的烹调技艺而形成的一种新的烹调方法。

“煲”本是一种炊具器皿，类似潮州地区的炖钵，用陶泥所制，也即我们所说的砂锅。而用煲烹制菜肴，我们也将这种烹调方法称为“煲”。

砂锅因是用陶泥所制，其传热性能慢，故用其作炊具，保温性能好，能较好地保持菜肴的原汁原味。因为煲具有这些优点，所以这种新的烹调方法也很快被潮州菜所接受，且很快风靡各个潮州酒楼，现在几乎每个潮州菜酒楼都有煲类菜肴，由此也产生了一批使用“煲”的烹调方法的新派潮州菜，如“粉丝蟹肉煲”“咸鱼茄子煲”“皮蛋苋菜煲”等。这些煲类菜肴，都以其菜肴热气高、香味四溢而深受人们欢迎。

使用“煲”的烹调方法要注意几个问题。第一是将菜肴烹制好，装入煲上桌前，“煲”一定要放在炉火上烧至沸腾才上桌，而且要盖上盖，当着客人面前把盖打开，里面的菜肴还在继续沸腾，这样才能达到香味四溢的效果。如果上桌前没放在炉火上烧开，那么煲只是作为一种盘、碗之类的盛器，而不是炊具，因而也不能达到上面所提到

的那种特殊效果。所以现在潮州菜酒楼厨房一般都配有一种多炉口的炉具，专门作为煲上桌前的烧制，而且在厨房工种上，还配有专门负责烧煲的“煲工”。第二是因为煲传热慢，因而其散热也慢，故煲经加热后，煲底的温度均很高，故烹制一些含淀粉多或黏性大的原料时，煲底一般要垫一层白猪肉，或淋上一层食用油，以防烹制时原料烧焦粘底。

淮山芡实煲

18. 铁板烧

“铁板烧”是近年来潮州菜吸取外地菜系的技艺而形成的烹调方法。它的具体做法是将一块生铁铸成的厚铁板（形似文宝中的墨砚）加热烧得滚烫，放在一块木板上端上桌，并将同时上桌的另一盆烹制

铁板大蚝　制作者：快活海鲜苑

铁板秋瓜烙

好的菜肴当着客人面前倒在滚烫的铁板上，这样就冒出烟，发出吱吱的响声，并溢出香味。

铁板烧是一种时新的烹调方法，在潮州菜中，用这种方法烹制的菜肴均为新派潮州菜。它的特点是使客人有一种现烹现食的感觉，同时由于菜肴倒在滚烫的铁板上，使菜肴再一次加热，因而重新散发出香味。

铁板鱼杂

（二）潮州菜酱碟

在中国菜里，几乎每个菜系都有酱碟，但潮州菜却以独特的酱碟闻名，成为潮州菜的一大特色，这是因为潮州菜的酱碟多而且搭配合理。

在潮州菜里，很多菜肴在上桌的时候，都配有相应的酱碟，这是潮州菜重视调味的一种体现。酱碟的调味，与在烹制菜肴时加进调味品，有着不同的风味和特点。首先，进食者根据自己口味爱好，可以蘸也可以不蘸酱碟，也可以蘸多或蘸少； 其次，菜肴蘸酱碟，因为酱料是蘸在菜肴的外部，而不是像烹制菜肴时的调味，调味品是融在菜肴的汤汁中而被烹饪原料吸收，所以酱碟酱料的味道就更加突出、单纯。

潮州菜重视酱碟的运用，酱碟的品种比起中国菜的其他菜系就要多得多，常用的酱碟有鱼露、老抽、橘油、梅膏、三渗酱、辣椒酱、沙茶酱、虾料、蒜泥醋、浙醋、白醋、椒盐、姜米醋、芥辣、辣椒醋等，数不胜数。

潮州菜酱碟，不但以其数量之多令人叹为观止，而且在配搭上也非常合理，符合烹饪的调味规律。例如潮州菜的“生炊肉蟹”，其酱碟是姜米醋，这是因为肉蟹生活在海中，其性寒，所以要用性温的姜米来驱寒，又因肉蟹属海产品，略有腥味，故又用浙醋以去其腥。

潮州菜酱碟五花八门、丰富多彩，但有些酱碟的用法较特殊，如“红炖鱼翅”的酱碟是浙醋，但这浙醋并不是让客人在进食鱼翅时调入浙醋，如是这样，鱼翅的浓香味将被酸溜溜的浙醋所破坏。实际上是“红炖鱼翅”较肥腻，所以这碟浙醋是客人在吃完鱼翅后，喝一点浙醋以解肥腻之用。

唐朝元和年间，韩愈被贬潮州，他在品尝潮州饮食之后，写下了《初南食贻元十八协律》这样一首诗，在这首诗中有这样的句子：“我来御魑魅，自宜味南烹。调以咸与酸，芼以椒与橙。”这几句诗正是反映了在唐代时，潮州人民已经有蘸各种调味品进食的习惯了。可见潮州菜酱碟丰富，作为潮州菜的一大特色，已经有很久的历史。

潮州菜酱碟

表1　潮州菜酱碟一览表

类别	菜名	酱碟	备注
海味干货类	红炖鱼翅	浙醋	
	神仙鱼翅	浙醋、香菜	
	炒桂花翅	浙醋、生菜叶、薄饼皮	用生菜叶包鱼翅吃则爽口，用薄饼皮包鱼翅吃则软而嫩香
	芝麻鳔	浙醋	
	炆金龙鱼鳔	浙醋	
	红炆海参	浙醋	
水产类	生炊龙虾	橘油	
	生菜龙虾	酱碟自制（见备注）	熟蛋仁研成粉末，用上汤开芝麻酱和桔油、茄汁、味精搅拌均匀
	彩丝龙虾	橘油	
	明炉烧蚝	芥辣、梅膏	
	白灼角螺	芥辣、梅膏	
	干炸蟹枣	梅膏	
	鸳鸯膏蟹	姜米醋	
	焗蟹塔	姜米醋	
	生炊膏蟹	姜米醋	
	炸蜘蛛蟹	喼汁	
	酿金钗蟹	姜米醋	
	生炊蟹钳	姜米醋	
	炸蜘蛛蟹	浙醋、喼汁	
	炊七星蟹	浙醋、喼汁	
	干炸川椒蟹	浙醋、喼汁	
	如意蟹	姜米醋	
	生炊肉蟹	姜米醋	
	金鲤焗虾	橘油	
	各力虾	橘油	
	干炸凤尾虾	橘油	
	干炸虾筒	甜酱	
	炸吉列虾	喼汁	
	生炒虾松	浙醋	上菜时要同时上香菜叶、薄饼皮和酱碟
	白汁鱼	橘油	

（续表）

类别	菜名	酱碟	备注
水产类	生炊鲳鱼	橘油	
	干炸鱼盒	甜酱	
	生炊鳊鱼	橘油	
	焗袈裟鱼	喼汁	
	明炉竹筒鱼	橘油	
	生淋鱼	自制咸、甜芡各一碗	
	五彩焗鱼	喼汁	
	葱椒脚鱼	芥辣或浙醋	
	生滚鲤鱼	蒜泥醋	
	清炖鳗	红豉油	
	鱼饭	豆酱	
家禽飞鸟类	腐皮酥鸭	梅膏	
	烧肥鹅	梅汁	
	干炸鸡卷	甜酱	
	糯米酥鸡	甜酱	
	双拼龙凤鸡	酱碟自制（见备注）	可自制沙津酱，制法：将熟蛋黄末、芥辣、白糖、味精、精盐、熟豆油、白醋搅匀
	干炸鸭包	甜酱	
	炸香酥鸡	酱碟自制（见备注）	可自制甜酱，制法：用茄汁、梅膏调匀即成
	卤鹅	蒜泥醋	蒜头切茸加少许盐，调入白醋
	干烧肥鹅	甜酱	
	清鸡把	芥辣或豉油	
	芙蓉鸡	芥辣或梅膏	
	酥皮鸡	酱碟自制（见备注）	用柿汁、橘油、糖、香油、芥辣调匀即成
	烧雁鹅	甜酱	
	盐焗肥鸡	酱碟自制（见备注）	姜丝、葱丝、精盐放碟中，淋上滚油

（续表）

类别	菜名	酱碟	备注
家禽飞鸟类	烟熏鸡	川椒油	生葱茸、川椒末用猪油下锅煎熟，调入味精、精盐即成
	焗鸭掌包	喼汁	
	八宝江米鸭	红豉油	
	干烧水鸭	甜酱	
	炒鸽松	浙醋	薄饼皮和圆形生菜叶摆进小盘，配上浙醋
	干炸鹌鹑	喼汁、甜酱各一碟	
家禽类	金钱肉	梅膏	
	干炸果肉	梅膏	
	炸芙蓉肉	甜酱	
	梅花大肠	甜酱	
	炸桂花肠	甜酱	
	烧方肉	甜酱	
	干炸肝花	甜酱	
	肉冻	鱼露	
	糕烧羊	甜酱	
	凉冻羊	酱碟自制（见备注）	可自制南姜醋，制法：白醋100克、南姜末15克、精盐少许、香油5克调匀
	红炖羊肉	酱碟自制（见备注）	可自制南姜醋，制法：白醋100克、南姜末15克、精盐少许、香油5克调匀
小食类	蚝烙	鱼露、辣椒酱	
	笋粿	浙醋	
	菜头粿	浙醋、辣椒酱	
	牛肉丸汤	辣椒酱	
	肖米	浙醋	
	无米粿	辣椒酱	
	糯米猪肠	甜酱	

（三）潮州菜食品雕刻与笋花雕刻

1. 潮州菜食品雕刻

潮州菜荣誉大师卢银华和他的食品雕刻

潮州菜食品雕刻比起北方一些菜系来说，起步比较慢，这主要是因为潮州地区属亚热带，一些需要食品雕刻的菜肴，如冷菜、冷盘拼摆之类，原料容易变质，制作后不像北方菜系那样易于保鲜，因而过去食品雕刻在潮州菜中并不占很重要的地位。

20世纪70年代以来，食品雕刻在潮州菜中发展迅速，并占越来越重要的地位，这主要有几方面的原因：首先是随着社会经济的发展，人们对菜肴的要求，希望在满足饥饱之余，同时得到一种

南瓜食品雕刻
制作者：宋乐金

蟹蒌　制作者：潮州菜烹调高级技师方树光

冬瓜盅　制作者：宋乐金

食雕作品“百花齐放”
制作者：潮州菜大师叶飞

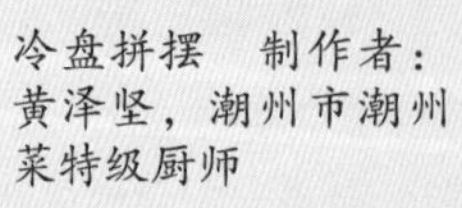

冷盘拼摆　制作者：
黄泽坚，潮州市潮州
菜特级厨师

艺术上的享受。这就需要菜肴造型更加艺术化，做到内容与形式的进一步统一。其次是随着社会的发展过程，冰箱、雪柜之类保鲜设备及各种卫生设施也开始进入厨房，使潮州菜在客观上有了制作食品雕刻菜肴的条件。最后一点，由于饮食业技术信息之间的交流，北方一些优秀的食雕技艺，也开始被潮州菜厨师所吸收接受。

食品雕刻在潮州菜中虽然起步较慢，但由于潮州菜厨师善于学习，心灵手巧，因此发展极其迅速，现在几乎所有的潮州菜酒楼都运用食品雕刻于彩盘拼摆、菜肴围边等，对潮州菜的进一步艺术化起到十分重要的作用。

潮州菜食品雕刻所用原料，大部分是取自潮州本土出产的各类蔬菜瓜果，如白萝卜、红萝卜、竹笋、番茄、青瓜、冬瓜、南瓜、芋头、白菜等，雕刻的造型则为各种花卉、飞禽、走兽、人物等，而很多题材则是借鉴潮州木雕、潮州艺术陶瓷。值得一提的是，潮州菜厨师食品雕刻所用工具多为一用锯片磨制的斜口刀，这自制雕刻刀钢水好，使用方便，确为潮州菜食雕一大特色。当然，如需要雕刻复杂的食雕作品，就需要借助于正规的食品雕刻工具了。

潮州市潮州菜特级厨师蔡炫城师傅生动的食品雕刻使名菜“富贵松鼠鱼”光彩夺目

潮州菜中用萝卜雕刻成的鱼网

冷盘拼摆　制作者：国家资深级烹饪大师吴前强

潮州市潮州菜特级厨师郑秋成食雕作品“双龙戏珠”曾于2000年潮州市烹调协会首届食品雕刻大赛荣获一等奖

2. 笋花雕刻

笋花雕刻是潮州菜烹调技艺中一项独特的、极富艺术性的技术。潮州盛产竹笋，竹笋在潮州菜的炆、炒、汤、炖等菜肴中都经常用作配料，于是潮州菜厨师便将作配料的竹笋雕成花鸟虫鱼等各种图案，使可作食用的竹笋也具有极高的艺术欣赏价值。

潮州菜笋花雕刻，一般是先将鲜嫩竹笋对切成半圆形（厚约半寸）的块，放开水锅中煮熟，然后将笋块根据所要雕刻的图案，削出大概的轮廓，接着左手拿笋块，右手操刀，灵活地一刀刀雕出所要雕刻的图案来，再切成多块厚片使用。

笋花雕刻的技术要求极高，它的要领总的来说有以下几点：一是使用的菜刀要用锋利较薄的片肉刀，因为笋花雕刻技艺精细，菜刀太厚不利于操作。二是雕刻时，落刀一定要十分准确，一刀下去就要把去料雕出，不能有补刀的情况，这样雕出的笋花才能给人干脆利索的感觉。三是落刀时，笋块前后两边深浅要一致，这样切出来的笋花每一块才能有同样清晰的图案。

笋花雕刻是潮州市潮州菜高级技师方树光师傅的拿手好戏

在潮州菜的厨房中，厨师们往往于烹制菜肴前就把笋花雕刻好，用清水浸于盆中，以便烹制菜肴时随时取用。近年来，潮州菜厨师还用红萝卜雕刻成红萝卜花，这是因红萝卜具有更鲜艳的色泽。红萝卜花的雕刻方法和要领与笋花完全一样。在潮州菜中，笋花和红萝卜花除作菜肴配料外，还经

生动逼真、形态各异的潮州菜笋花

红萝卜花同样惹人喜爱

常作菜肴的围边点缀，效果极佳。

潮州菜一代名师朱彪初师傅在上海一次技术表演中，用竹笋雕出20多种笋花，技惊四座，获得在座南北名厨的赞誉，在潮州菜烹饪史上留下了一段佳话。

（四）潮州菜烹调术语

1. 蟹目水、虾目水

蟹目水和虾目水一样，都是指潮州菜烹制过程中，锅中或鼎中水烧开的程度，不同的是蟹目水烧开的程度比虾目水大，从锅底或鼎底缓缓浮起的小气泡像青蟹的圆眼睛一般。虾目水指水微开，此时水的温度比蟹目水要低些。从锅底或鼎底缓缓浮起的小气泡就像虾的小眼睛一般。

在潮州菜的烹制中，熬上汤一般就要求用蟹目水。而一些白灼的菜肴，因原料的特点或菜肴的要求而不能使用过高温度的水，就要用虾目水，如“白灼角螺”“白灼蚶”等。

2. 酱碟

酱碟是泛指在潮州菜筵席中，盛有各式调味料以供客人进食时蘸用的小碟。潮州菜酱碟可分为味碟和汉碟两种。

酱碟繁多是潮州菜的又一特色。首先，酱碟的作用是把调味的主动权留给客人，让客人根据自己口味的爱好，蘸适合的调味品进食。其次，酱碟的作用又是潮州菜烹调过程中调味的补充，因为有些菜肴是不适合在烹制过程中调味的，只适合在将进食时才蘸上调味品，如潮州菜“佛手鸡腿”，原料炸熟后，如果调上酸甜茄汁，必将影响其酥脆度，所以只有将酸甜茄汁作为酱碟和“佛手鸡腿”一起上桌，让客人进食时自己蘸吃。

3. 味碟

味碟是潮州菜酱碟的一种，它是在潮州菜筵席尚未上菜之前，在摆台时就已盛上调味品，摆放在客人面前的一种酱碟。

味碟比较小巧，一般是直径仅有3厘米左右的小碟。味碟的调味料大多是老抽（有时也有红辣椒酱、鱼露等），且量少，一般只是略盖过碟底就可以，每位客人一小碟。

4. 汉碟

汉碟是潮州菜酱碟中另一种，它是根据菜肴调味的需要，把相应的调味品盛于碟中（或小碗），和菜肴一起上桌的酱碟。

汉碟一般比味碟略大，大都用直径为5厘米左右的小碟。潮州菜汉碟的调味料，根据菜肴的特点，配搭得十分合理。如“生炊龙虾”的汉碟是橘油，这是因为龙虾肉洁白高贵，用芬芳的橘油使其味道更加鲜美；“生炊肉蟹”的汉碟是姜米醋，这是因为青蟹性寒，故用性温的姜米中和其寒性，醋的作用是除去蟹肉的泥腥味。

5. 苇汤

潮州菜厨师也有把苇汤称为“吊汤”“苇上汤”。所谓苇汤，即是熬制上汤。

潮州菜厨师传统上极其重视上汤，因为潮州菜重视菜肴味道的鲜甜，而一般菜肴原料味道总的来说是偏清淡的，故在烹制潮州菜时，潮州菜厨师往往不用清水而是使用上汤来强化菜肴的鲜甜味，特别是在过去味精尚未问世的时候，潮州菜厨师更是把上汤看作烹制好潮州菜的关键。

潮州菜革汤十分讲究，其烹制过程是，大锅中放入清水，加入老母鸡、排骨、赤肉末（要捏成圆球，以免在革汤过程中肉末散开）、罗汉果一粒（不能打破），然后用大火烧开，即时用手勺把锅上浮沫撇去，改用慢火，锅中汤水呈蟹目水状，熬2~3小时，用纱布过滤，即成优质上汤。潮州菜优质上汤应该是呈浅绿色如绿豆水般清澈。

潮州菜革汤要注意两个关键，一是清水要一次加足，中途一定不能再添冷水或热水；二是用大火烧开后，一定要改慢火细熬。

潮州菜上汤用途广泛，诸如隔水炖的炖品，炒、炆、焗等都要用到上汤。

6. 捞肃

捞肃是潮州菜烹制过程中原料熟加工中的一个重要工序。捞肃实际上相当于广州菜烹制中的“飞水除杂”。

在潮州菜中，“捞肃”作为一道工序是一个完整的概念，但实际上“捞”和“肃”是有各自不同的内容。“捞”相当于焯水，即鼎中放水烧开，把原料放下略滚捞起，它的作用是除去原料的杂味污秽；而“肃”是在鼎中加水后，放下姜、葱、酒，烧开后，再把原料放下略滚，它的去杂味污秽作用比“捞”更大。

捞肃在潮州菜中主要是用在一些动物性干货涨发后，即将烹制菜肴之前，对原料去除杂味污秽。如鱼翅、海参在涨发后，要烹制菜肴之前，就要对其进行捞肃。

7. 勾糊

勾糊也即广东菜制作中的勾芡。因为淀粉水遇热糊化，因而潮州菜厨师便形象地把勾芡称为“勾糊”。

勾糊是潮州菜烹制过程中一项极其重要的环节，它的用途极为广泛，绝大部分的潮州菜差不多都要经过勾糊的手续，而勾糊的好坏对潮州菜色、香、味、形影响很大。勾糊在潮州菜中的作用概括起来有以下几点：

第一，增加菜肴的味道。在潮州菜烹制中，经过调味和烹制后的菜肴，其鲜美味道很多都溶解在汤汁中，而经过勾糊后，这些汤汁就增加了黏性，全部包裹到原料表面上，这样就会增加菜肴的鲜美味道。

勾糊

第二，突出主料。在潮州菜的一些汤菜中，一些主料和配料往往沉入碗底，只见汤不见料，但通过勾糊后，汤汁变稠变浓，这些主配料便可浮于汤面，突出主料。例如潮州菜中的“云腿护国菜”“碧绿瑶柱羹”等。

第三，使菜肴更加滑润柔嫩。在潮州菜中，一些菜肴的汤汁较多，往往是汤汁与原料分离，但勾糊之后，加强了汤汁的浓度和黏性，使汤汁与原料交融结合，口感滑润、柔嫩。

第四，增加菜肴的光泽。菜肴勾糊后，因为淀粉糊化，产生了透亮的光泽，衬托原料色彩，使菜肴变得更加美观。

潮州菜厨师在长期实践中，体会到勾糊对菜肴色、香、味、形所起的极大作用，故在潮州菜厨师中流传着“做戏神仙老虎鬼，做桌靠粉水”的形象说法。

8. 对碗糊

对碗糊也即对汁芡。潮州菜厨师在爆炒或油泡菜肴时，为了操作的快速方便，把要调入菜肴的各种调味品烩在一小碗中，并加入适量上汤和勾糊所需粉水，在烹制菜肴调味时，把其一并倒入鼎中，然后快速翻炒。这一小碗烩有各种调味品的粉水，便称为对碗糊。

9. 饭菜

饭菜是潮州菜筵席各式主菜上菜完毕，最后上的一道青菜。这一道青菜一上，就等于告诉客人，筵席各式菜肴上菜完毕了。

为什么潮州菜把这一道青菜称为“饭菜”呢？这是因为筵席各式菜肴已经上完了，客人如果还吃不饱，就要吃米饭，所以这道青菜实际上是安排给客人吃米饭用的，故称之为“饭菜”。

潮州菜筵席的饭菜主要是生炒各式应时青蔬，如菠菜、芥蓝、荷兰豆、通心菜等。

如果主人在筵席最后安排有粥给客人吃，则最后除了要上饭菜之外，还要上2～4碟小菜，这小菜主要是潮州的杂咸，如贡菜、酸咸菜、油橄榄之类。

10．素菜

素菜是指潮州菜中以植物性原料为主料的一类菜肴，而不是指佛家寺院专用的斋菜。

潮州地区地处亚热带，气候温和、四季如春、土地肥沃，故一年四季盛产各类蔬菜。丰富的蔬菜给潮州菜厨师提供了广阔的用武之地，使潮州菜厨师在长期的实践中，逐渐摸索总结出烹制素菜的规律和经验，形成潮州素菜特有的风格。

“素菜荤做，见菜不见肉”，这是潮州菜厨师烹制素菜的根本核心。

潮州素菜的代表菜有“厚菇芥菜”“八宝素菜”“云腿护国菜”等。

“厚菇芥菜”是潮州菜中有名的素菜

11．花头

花头在潮州菜烹制中是指用各种原料雕刻出来的花朵。

潮州菜食品雕刻中的花朵，以玫瑰、芍药、菊花、牡丹为多，雕刻花朵的原料主要是红萝卜、白萝卜、番茄、马铃薯。而用白萝卜雕刻成的花朵，一般还要用食用色素染成红或黄颜色。

潮州菜经常以萝卜、南瓜等为材料，雕刻成各种“花头”，用以点缀菜肴

潮州菜厨师在使用花头时，一般要用真珠花菜叶或芹菜叶、芫荽叶垫底，以绿叶来衬托红花。

花头在潮州菜围边或拼盘摆碟中使用频率很高，对美化菜肴、衬托拼盘主题起到很大作用。

12. 拍碗脚

拍碗脚是潮州地区饮食业的行业语。主要指在烹制潮州小食如粿条汤、牛肉丸汤等时，把一些调味品先放在碗底，如胡椒粉、麻油、鱼露、芹菜珠等，然后再把焯熟的粿条或牛肉丸等原料及滚烫的汤水倒入碗中，然后再用手勺顺势把汤水和调味料搅匀即成。

拍碗脚的好处是使调味准确，因潮州地区在烹制粿条汤、牛肉丸汤这些汤类小食时，往往是煮一大锅汤在炉火上熬，这样要整锅汤调味就比较困难，而拍碗脚换成以碗为单位进行调味就准确得多。另外，拍碗脚是把调味品放在碗底，清汤再淋上去，这样汤水就清澈得多。

13. 双拼盘

双拼盘和四拼盘是潮州菜筵席头道菜彩盘的名称。

潮州菜彩盘都要以食品雕刻作为点缀，雕刻的内容有时要根据筵席性质而确定，如喜庆类筵席，往往以萝卜雕刻龙或凤，因潮州地区有“龙凤呈祥”之称，龙和凤都是吉祥物；而老人的寿宴，则往往以南瓜雕成老寿星或以白萝卜雕成白鹤，摆成“松鹤延年”的图案。

潮州菜往往以四拼盘作为筵席的“开路先锋”

潮州菜四彩拼盘

潮州菜彩盘除要有食品雕刻外，还要摆上各式冷荤食物，如烤鳗、桂花扎、皮蛋、菊花酥、山枣糕、蟹柳之类。潮州习俗是好事成双，故彩盘食物也要取双数，一般是摆上两款食物的称为“双拼盘”，摆上四款食物的称为“四拼盘”或“大四拼”。

潮州菜彩盘作为潮州菜筵席的“开路先锋”，能起到烘托筵席主题、增强筵席气氛的作用。

14. 逢炆必炸

“逢炆必炸”是潮州菜厨师对“炆”的烹调方法的经验总结。这句话的意思是，凡是炆的菜肴，在炆之前都必须先将原料用油锅炸过。

为什么凡是炆之前都必须先将原料用油炸过呢？这主要有两个原因，一是原料用油炸过后，原料外表坚硬，在炆的过程中不易软烂变形；二是原料经油炸之后，原料内部水分减少，在炆的过程中容易吸味，使炆出来的菜肴更加浓香。

“逢炆必炸”，这里一般是指动物性原料，如“红炆脚鱼”“红炆乌耳鳗”等。当然，有些原料在炆之前也可采用煎的方法。

八 潮州饮食习俗、俗语及传说

（一）潮州饮食习俗

潮州饮食文化是潮州劳动人民在千百年的历史过程中共同创造出来的，它植根于千家万户，有着极其深厚的群众基础。这里介绍一些潮州地区的民间饮食习俗，目的是使大家更清楚地看到潮州菜、潮州饮食文化那浓厚的地方色彩和乡土气息，以及潮州菜、潮州饮食文化和人民群众密不可分的关系。

1. 四点金

四点金是潮州地区民间最为普遍的一种饮食习俗。所谓四点金，即是把一只白斩鸡在盘中或大海碗中砌成鸡形，然后在鸡头、两只鸡翅、鸡尾分别用食红点上红色。在潮州，凡小孩出花园、婚宴、大龙舟桌等喜庆筵席，都要上四点金，借以寄托大圆满的吉祥意义。这是因四点金鸡头、鸡翅、鸡尾都齐全，所以用其表达齐全、圆满之意（在潮州有的地方，四点金还把两只鸡小腿也摆上，这是因为潮州各地习俗有所不同）。

2. 冬节丸

冬节丸是潮州地区在冬至这一传统节日的祭品、食品，它采用糯米粉加水搓成丸，放锅中加红糖或白糖煮成甜汤丸吃。

每年农历十一月中旬，阳历12月21日或22日冬至这一日，就是我国古老的冬节。冬至是中国农历每年二十四个节候之一，在中国古代，二十四节候是从冬至算起的，认为冬至前一天为除夕，冬至有春至的意思，在那时候的人们看来，冬至就是大过年，后来以农历正月初一为一年之首后，人们才把冬至屈尊为亚岁。在潮州地区，民间都说冬至是小过年，也即是亚岁之意。

按照潮州地区的民俗，民间都称冬至为冬节，群众极为重视这一小过年。这一天一大清早，各家各户都要搓冬节丸，一家男女老少围着圆桌搓丸，气氛十分温馨热闹，搓完后便将冬节丸煮甜汤吃，寓意合家团圆。在潮州地区，有些农村除人人吃汤丸外，还将汤丸祭拜祖先、喂家畜，将冬节丸贴在家畜的头、角、身上，或者贴在门环、农具等上面，以祝祈平安过冬，来年健康兴旺。

和潮州地区冬至吃冬节丸相比，在北方地区则在这一天吃饺子，北方人也认为“冬至大如年”，所以在这一天当然要祭祖、要吃饺子了。这样看来，北方人吃饺子和潮州人吃冬节丸，都有相同的缘由了。

潮州民间在冬至这一天有“小孩子食了冬节丸大一岁”的说法，

这是由于上面所说的，过去人们将冬至作为一年之首，是大过年，所以吃了冬节丸，过了冬至，即意味着又过了一年，当然是又大了一岁。还有一种说法是，每年过了冬至这一日，官府就不再对死刑犯人行刑，所以在冬至这一天，死刑犯人的亲友便以送冬节丸向犯人祝贺，祝贺他又增添一岁（多活一年）。

3. 十六摆碟

十六摆碟是潮州地区传统婚宴摆台习俗。十六摆碟，是四盘鲜花，即盘中盛刚摘下来的鲜花，如菊花、玫瑰等，每盘约有几朵；四盘蜜饯，如甜橄榄、糖柑饼之类；四盘生果（水果），如雪梨、苹果、潮州柑等；四盘冷荤，即盘中整齐地排放皮蛋、山枣糕、熏鸡、酱核桃等食物。这十六摆碟是在宴席大菜未上桌之前，已经整齐地摆在餐桌四周，上菜之后也不会撤下来。十六摆碟的作用主要是增加婚宴筵席的气氛，不会让人感到一桌筵席只有零零丁丁几个菜。

十六摆碟这一习俗在潮州地区一直沿用到“文化大革命”前，“文化大革命”后，大概因为受到破“四旧”的影响，也就很少再见到了。

4. 甜丸卵

甜丸卵是潮州地区民间饮食习俗。在潮州地区，凡新客、贵客、稀客如新女婿、新亲家、归侨、荣归者、官员贵宾来做客，必先煮甜糯米汤丸敬客。在潮州的揭东县、榕城区一带还要加两个或者四个鸡蛋，称为食甜丸卵。即使已近午晚餐时间，也必先吃。客人若估量吃不完，可请主人打少一点或只吃两个鸡蛋，表示礼貌。

5. 头尾甜

头尾甜是潮州菜筵席的一大特色。潮州菜的喜庆筵席，如婚宴、乔迁新居、开业志庆之类的筵席，一般第一道菜和最后一道菜都要上甜菜，有从头甜到尾的吉祥寓意。

潮州菜筵席的甜菜一般有“糕烧白果”“金瓜芋泥”“莲子百合

汤”等。有些喜庆筵席还结合筵席的内容，给甜品起了吉祥的名字，如有些婚宴的头道甜菜是“早生贵子”，其名字是从原料红枣、花生、桂圆、莲子中各取一字组成，还有如“甜百合汤”称为“百年好合”。

（二）潮州饮食俗语

潮州饮食文化植根于千家万户，是由潮州劳动人民在漫长的历史中共同创造的。因而，在潮州民间便广泛流传着不少关于饮食方面的俗语和谚语。这些由群众创造的俗语和谚语精辟、形象、生动，有不少是对潮州饮食规律、经验的总结，对我们进一步了解潮州饮食文化的特色、民众风情有很大的意义。

1. 素菜荤做，见菜不见肉

这是潮州素菜烹制方法的基本核心，也是潮州素菜的特色。

潮州地区四季如春，盛产各类蔬菜，故潮州菜厨师在长期烹制蔬菜的实践中，总结出一套烹制潮州素菜的独特方法，其核心便是“素菜荤做，见菜不见肉”。

蔬菜一般特点是偏清淡，故在烹制素菜时要用肉类共炖，诸如猪腿、排骨、赤肉、老母鸡、火腿等，使肉类的浓香和蔬菜的芬芳结合在一起，产生一种特别可口的复合味，但为了突出素菜的特点，上桌时要把肉类去掉。潮州素菜的这一烹调方法充分体现了“有味者使之出，无味者使之入”这一烹调基本规律。

诸如潮州素菜中的“八宝素菜”，即是把香菇、草菇、发菜、笋尖等原料摆入锅中，加入二汤，猪肚肉盖在上面，放蒸笼中炖半小时，去掉猪肚肉，倒扣于盛器中，再原汁勾糊淋上。

2. 做戏神仙老虎鬼，做桌靠粉水

这是一句潮州菜烹调的民间俗话，它强调在烹制潮州菜中，勾糊（勾芡）的重要作用。

这句话的意思是，一出戏要演得生动、吸引人，就必然要依靠神仙、老虎、鬼怪这些东西来增强情节的离奇曲折，而烹制潮州菜（即“做桌”，是潮州方言，指烹制潮州菜筵席，这里特指烹制潮州菜），要使菜肴做得好，则主要依靠粉水勾糊。

勾糊在潮州菜烹制中是一个十分重要的技术环节，它的作用主要是保证菜肴入味和脆嫩，保证汤菜融合、滑润柔嫩，突出菜肴的风格特点，增加菜肴的光泽等。正因为勾糊的用途极为广泛，所以绝大部分的潮州菜差不多都要经过勾糊的环节。而勾糊的好坏，对潮州菜色、香、味、形影响很大，因而这句俗语正是潮州菜厨师长期实践概括出来的经验总结，十分形象生动。

3. 猛火厚朥芬鱼露

这是潮州人民在长期烹饪实践中总结出来的一句俗话，意即要烹好菜肴必须有三个条件，其一是“猛火”，即火候要够，只有火候够，菜肴才爽脆、嫩滑，有“锅气”，而不至于“老韧”；其二是“厚朥”，即烹制菜肴时，要有足够的猪油，使菜肴肥滑香嫩，油香十足，特别是在生炒青蔬时使用猪油，更是荤素结合，效果更佳；其三是“芬鱼露”，即烹制菜肴时，调味要烹入鱼露，因鱼露除咸味外，还兼有鱼类的鲜味。

4. 九月鱼菜齐

这是潮州地区民间烹饪俗话，表达潮州地区农产品之丰富。

“九月鱼菜齐”是指潮州地区在每年农历九月至来年清明前后，农产品和水产品特别丰富。潮州地区大部分蔬菜、农作物的盛产期相对集中在每年农历九月至来年清明前后，而这个时期也是各种水产品特别肥美的时期。

5. 五月好鱼马鲛鲳，六月沙尖上战场

南澳是潮州地区一四面环海的小岛，岛上居民长年以捕鱼为生，其地理位置有点像香港的避风塘。因为岛上渔民世代长年与海产品打交道，因而积累了许多有关鱼虾蟹等海产品的知识。这两句南澳地区的俗语，便是南澳地区有关一年中什么季节什么海鲜最肥美、最当时的一首民谣俗语中的两句。其意思是每年农历五月，便是海鲜中价位较高的马鲛鱼、斗鲳鱼最肥美的季节，而人们经常用以制作鱼饭的沙头尖，则在农历六月为盛产期。

6. 六月鲤鱼七月和尚

这句潮州俗话是对潮州淡水鱼鲤鱼特性的概括。潮州地区的鲤鱼在农历二三月便开始产卵，产完卵后开始进食，恢复产卵期的虚损，一直到六月已经长得很肥美。而农历七月，是农村夏收结束的时候（潮州夏收是六月中），这时候农民已收获农产品，农活也暂时空闲，便在这时节经常到佛寺烧香，和尚也因此长得肥胖起来，故有“六月鲤鱼七月和尚”之说。

7. 五月荔枝树尾红，六月蕹菜存个空

潮州菜烹饪原料丰富，但不论是果蔬还是鱼鲜，都有其鲜明的季节性。潮州人民在长期的饮食实践中深深认识到，任何烹饪原料，只有在它应时的季节食用，才最肥美、最能体现出该原料的特点；相反，如果是违背时令的物产，不是瘦削，就是已经失去了原有的特色。

“五月荔枝树尾红，六月蕹菜存个空”，便是潮州人对潮州物产“黄金季节”的经验总结。农历六月蕹菜已过时，故吃起来只剩下枝骨，毫无鲜嫩可口的特点，那么蕹菜什么时候最当时呢？另一句潮州民谚“九月蕹菜蕊，食赢鲜鸡腿”则生动地回答了这个问题。

在潮州，这类总结烹饪原料物产“黄金季节”的民谚还有很多，如“霜降，橄榄落瓮”“三四桃李柰、七八油甘柿”“夜昏东（风）、眠起北（风），赤鬃鱼、鲜薄壳”“猛日重露、蕹菜铺路”“天时透南风，蟛蜞出空”等。

8. 草鱼头，鲤姑喉

潮州饮食文化历史悠久，潮州人民在长期的生活实践中积累了大量的饮食文化经验，“草鱼头，鲤姑喉”这句潮州民谚正体现了潮州人对烹调原料的重视，以及对烹调原料研究、理解的精深。“草鱼头、鲤姑喉”是指一条草鱼最甜嫩可口的部位是它的头部，而一条鲤鱼最肥美的部位是它的喉部。事实证明这句谚语是正确的。目前在潮州的肉菜市场，草鱼头的价格往往要比鱼肉贵。在潮州民谚中，有关这方面内容的还有许多，如“稚（嫩）鸡硕（成熟）鹅老鸭母”“乌鱼鳃，唔甘分厝边（舍不得送给邻居）”“卖田卖地，买鲳鱼鼻”等。

9. 食鱼欲食马鲛鲳，看戏欲看苏六娘

潮州菜擅长烹制海鲜，潮州人喜食海鲜，这里把好戏和好鱼相提并论，以好喻好，更突出潮州人喜食海鲜的习惯。

“马鲛鲳”是指马鲛鱼和鲳鱼，均为潮州沿海海产品，也都是潮州人民日常食用的品质较好的海鲜。《苏六娘》则为潮剧的传统剧目，描写揭阳县荔浦乡青春少女苏六娘与青年郭继春的爱情故事，在潮州地区家喻户晓。潮州菜、潮剧同为潮州文化，这句民谚形象地体现了潮州饮食丰富的文化内涵。

10. 三代富贵方知饮食

这一句潮州饮食俗语说明当一个美食家是不容易的，只有出身世代富贵之家，经常遍尝各式山珍海味、美味佳肴，才能成为美食家，懂得饮食的个中道理。

当一个烹饪家、名厨师固然不容易，当一个知识丰富、深谙饮食之道的美食家同样也是不容易的。“民以食为天”，人们一日离不开三餐，但能成为一个真正的美食家的却很少，这是因为饮食的知识同样是十分广博、十分深奥的，并非一朝一夕、接触少许皮毛就能获得。出身富贵家庭，就有可能经常尝试各式美食，日子久了，就能获得大量感性认识，用心加以研究比较，就能进一步得到更深刻的理性认识。“三代富贵”，这里强调的是时间久远，并非吃了一两次佳肴就能成为美食家。

在潮州群众中，流传着这样一个传说，在“文化大革命”前，潮州市大街（即现在的太平路）上有一间大餐室，有一食客经常到这里吃东西，日子久了，积累了大量丰富的饮食知识，以至一盘“生炊鱼”上桌，他竟能尝出这条鱼是东边鱼池打捞上来的还是西边鱼池打捞上来的。这虽是一则传说，但也正说明人们对美食家的一种赞美。

11. 好粗孬误

“好粗孬误”这句俗语，是指在潮州菜筵席上菜过程中，宁愿菜件制作粗一点，也不能耽误上菜的时间。这句话强调的内容符合潮州菜筵席制作的规律，因为潮州菜筵席上菜的时间是需要控制好的，如果上菜太快，以至一下子桌上摆满菜，盘迭盘、碗迭碗，会给人造成一种紧张的气氛，似乎在催促客人快吃完，尽快结束筵席；但如果上菜太慢，一个菜上完后还要等半个小时或一个小时才上第二个菜，桌上已没有菜吃，客人坐在那里无聊地等着上菜，这样一桌筵席，菜件制作得再精美，也已经毫无气氛可言。当然，这里说的“好粗”并不是说菜件的制作可以粗制滥造，而是通过“好粗”来强调“孬误”，强调潮州菜筵席要控制好上菜的时间。

12. 端午食叶，胜似服药

潮州药膳是潮州菜的一个组成部分。潮州人讲究饮食，不但讲究色、香、味、形，还讲究饮食对人体的保健作用，这正是潮州饮食文化的一大特色。“端午食叶，胜似服药”这句潮州民谚，正体现了这方面的内容。

端午时节，潮州地区正是雨水充足、万物生长茂盛的季节，因而潮州人便顺应自然，在这时节进食盛产于此时的各种植物茎叶，以达到保养身体的目的。诸如番薯叶、秋瓜叶、苦刺芯、麻叶芯等，不但含有丰富的营养，还具有凉肠解毒等作用。

13. 七样羹，食后变后生（年轻）

这句俗话是潮州人民在长期的饮食实践中有关饮食卫生，或者说是食疗方面总结出来的经验，含有深刻的医学道理。

这句话说的是，每年从大年三十夜至新春初七，潮州地区的习俗都是新年桌、团圆桌、酒菜筵席、大鱼大肉不断。从医学的角度看，鱼肉类食物属酸性，所以到了初七以后，就应该多吃一些属碱性的蔬菜类，使体内酸碱平衡。此外，蔬菜类食物富含维生素，在吃了大量肉类之后，再多吃蔬菜，能起到消食开胃、清肠通便的作用，对人体大有好处。

这里讲的七样羹，泛指潮州本土出产的各种当时叶类青菜，诸如大白菜、油菜、春菜、大菜、苋菜、芥蓝菜等。在潮州菜中，人们往往把青菜叶煮成的汤菜称为羹，诸如“大菜羹”“素菜羹”等。

（三）潮州民间饮食传说

1. “八宝素菜”的传说

“八宝素菜”是潮州素菜的代表菜，该菜历史悠久，远在唐宋年间，潮州一带已有人烹制类似“八宝素菜”一类的菜肴。“八宝素菜”用料讲究，它主要是用莲子、香菇、干草菇、冬笋、发菜、大白菜、腐枝、栗子等八种植物性原料，经用上汤精心烹制而成，口感嫩滑、香味浓郁。该菜冠名“八宝”，可见潮州人民对它的钟爱和珍视。

“八宝素菜”既然是潮州名菜，在它的长期演变发展过程中，在潮州地区便有不少关于它的生动传说。其中最有名的，应该是流传于清代康熙年间的一则传说。据说当时曾在潮州府城开元寺举办一次厨师厨艺大比试。参加比试的均为在潮州一带寺庙主理厨政的厨子，在比试中便有烹制“八宝素菜”这一项内容。

在参赛的众多厨子中，有一位在潮州意溪别峰寺任主厨的厨子十分聪明，他深谙“八宝素菜”是一道素菜，但素菜一定要荤做，也就是这些素的原料一定要用肉类炆炖，素和荤结合起来，味道便浓郁无比，否则便清淡无味。但这次比试是佛寺内的比试，比试是绝对不能携带老母鸡、排骨、猪肉之类的东西进开元寺的。怎么办呢？这位厨子苦思良久，终于想出了一个好办法。在比试的前一天，他在自家中先用老母鸡、排骨、赤肉熬了浓浓一锅汤，然后把一条洗干净的毛巾放在锅中煮，再把毛巾晾干。第二天比试的时候，他把这条毛巾披在肩上，手提一竹篮，篮中盛着莲子、香菇、冬笋、白菜等原料走向开元寺。开元寺把门的和尚检查了他篮中的东西，没有发现有肉类的东西便放他进去。

开始烹制“八宝素菜”这道菜时，这位厨子便把肩上的毛巾放进锅中煮片刻，让毛巾中的肉味全溶解到锅中再把毛巾取出。结果这位厨子烹制的这道“八宝素菜”获得第一名。

“素菜荤做”是烹制潮州素菜的关键，从这一传说我们可以看到，在历史上潮州人民很早就已经掌握了烹制潮州素菜的方法。

2. “护国菜”的传说

在潮州菜中，名菜“护国菜”同样有一则流传甚广的民间传说。据说南宋末年，末代皇帝赵昺为元兵所败，带着残兵败将逃亡到广东潮州一带。一天傍晚，他们来到荒山一庙宇中，天色将晚，饥肠辘辘。寺中的老和尚见到当代皇帝，十分敬仰，但在兵荒马乱之中哪有什么好东西招待皇上，他只好到寺后菜园摘了一把番薯叶，熬成汤敬献给皇帝充饥。谁知又饥又累的皇帝竟觉得这碗番薯叶汤十分美味可口，以至后来念念不忘，把这道番薯叶汤赐名为“护国菜”。

“护国菜”经过历代厨师不断改进，已经由一道极其简陋的野菜汤演变为一道席上的佳肴。名菜配上优美的传说，使人们在品尝这道菜时更觉得意味悠远。

3. 潮州名菜“来不及”的传说

“来不及”是潮州菜中一道以香蕉为原料的菜肴，关于这道菜肴的由来也有一段民间传说。据说明末清初时期，潮州意溪有一陈姓富户人家，一日正午从省城来了一位往年同往京城赴考的朋友，匆促中匆忙招呼家厨准备午宴。家厨杀鸡宰鸭之后，略嫌菜肴太少，但家中离市集一则太远，二则市场也恐怕早已收市，而此时家园中的香蕉一串串挂在香蕉树上，正是收获时节。家厨见状，灵机一动，便割下香蕉略为加工，烹制出一道香喷喷的菜肴来。

这道菜外酥内嫩，香甜可口，客人从未吃过这样的菜，品尝之后赞不绝口，忙问主人这道菜的名称，主人也不清楚，便把家厨唤来询问。家厨便如实说是因为来不及到市场买菜，见到园中有香蕉，便就地取材，临时烹制出来的。客人听了，哈哈大笑说："来不及，来不及，就把这道菜称为'来不及'吧！"

"来不及"这道菜肴的制法是，把香蕉去皮，切成寸段，再从中间切开，夹上一块同样大小的冬瓜册，挂上蛋糊，下油锅炸至金黄色，撒上香芝麻即成。

4. 潮州菜"太极芋泥"中的太极图

在潮州传统菜中，有一道闻名遐迩、深受人们喜爱的甜菜"太极芋泥"。该菜在汤窝中一边是又热又甜的潮州芋泥，一边是深色的黑豆沙，图像和谐对称，生动活泼，飞舞灵动，表达了一种如意、健康、明朗、喜庆、吉祥的愿望。

"太极芋泥"中的太极图，来源于我国古代人民朴素的对立统一

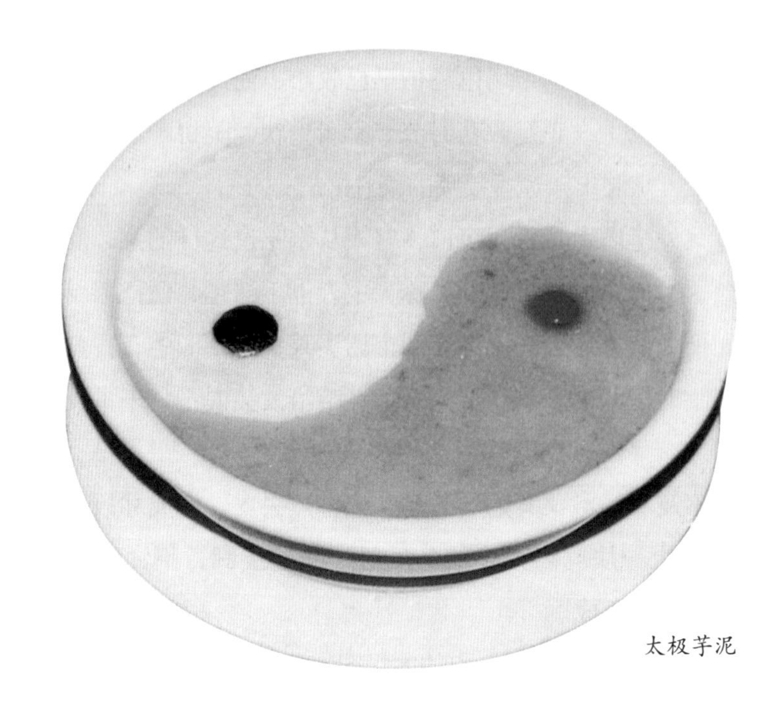

太极芋泥

宇宙观。在远古时代，劳动人民用一根“S”形曲线把一个圆划分为相反又相成的阴阳两极之面，使阴阳两极围绕一个中心回旋不息，形成有无相生、一虚一实、左右相顾、前后上下相随的核心运动，体现了一种既对立又统一、既柔美又壮美的和谐美。关于这阴阳两极的太极，我国古代哲学思想专著《易》就有过这样的论述：“易有太极，是生两仪，两仪生四象，四象生八卦。”这里的太极生两仪，就是指对立统一的“阴”和“阳”。太极图，正是我国古代人民用艺术的形象来表现深刻的事物本质。

太极图因为造型美观和谐，又寄寓着深刻的思想内容，所以在很早的时候就被潮州菜厨师所接受，作为制作潮州菜肴的一种造型手法。除了“太极芋泥”外，潮州菜中采用太极图形的还有“太极素菜羹”等。潮州传统名菜“明炉烧蛮”，有的厨师在摆盘时便采用太极图，一边是雪白的蛮螺片，一边是火红的火腿片，运用十分灵巧自如，给人一种特有的美感。

CHAPTER 2

第二章 潮州菜烹饪原料

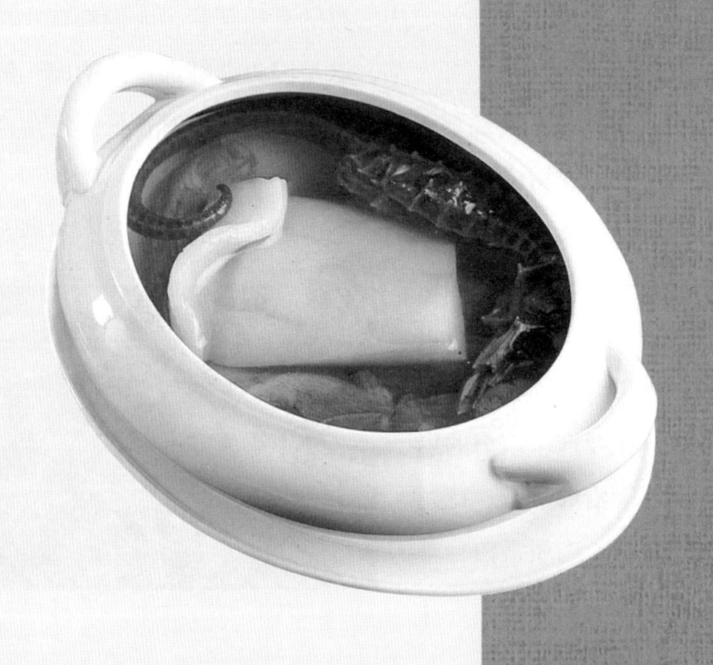

一　潮州菜常用海产品

潮州菜以擅长烹制海鲜见长。潮州濒临南海，所产海鲜特别丰富，因而海鲜是潮州菜的主要烹调原料，无论是上档次的酒楼宾馆还是路边的小食摊大排档，都离不开海鲜。有人说广州菜是“无鸡不成席”，潮州菜则是“无海鲜不成宴”，不无道理。

既然海鲜在潮州菜中占有重要的地位，那么作为一个潮州菜厨师，努力认识各类海鲜的产地、特点、性质就显得十分重要了。然而“海底世界”的海鲜品种纷繁，不是一下子所能穷尽，这需要在长期的实践中不断努力学习。现介绍潮州菜中部分常用海鲜品种。

龙虾

以龙虾为主料的菜肴，在潮州菜中占有重要的地位。筵席中有没有龙虾，往往是评价潮州菜筵席是否上档次的标准。无论是新婚喜宴，还是乔迁新居、开业志庆之类的喜庆筵席，人们都喜欢在筵席序幕拉开之际，上一道龙虾大菜。这是因为龙虾那雪白的肉、鲜红似火的头甲，尤其是头胸部那五对发达的步足、两对长长的触角，往往给筵席增添一点龙精虎猛的气势。

龙虾品种繁多，目前在潮州菜中最常用的是花龙、本港龙和红龙等。花龙是这三种龙虾中质量最好的一种，身呈淡青色，头胸甲背面均有美丽色彩花纹，主要产于南海的惠来、陆丰等沿海一带。花龙经炊熟之后，肉质雪白，呈一瓣瓣的形状，吃起来十分

龙虾

捕龙虾（韩志光摄）

爽口，鲜美无比。花龙是各种龙虾中价格最贵的一种。

本港龙大部分产自广东西部湛江一带海面，色泽棕绿色，肉质也同样鲜美可口。红龙外壳深红色，布有累累斑点，肉带有血丝，炊熟后肉质也呈淡红色。红龙主要产于辽宁大连一带海域，其质量较之前两种差，吃起来带有较重的腥味，因而其价钱也较低。

在潮州的各大酒楼食肆，龙虾的最主要食法便是生炊。这主要是由于龙虾价格昂贵，如果厨师对龙虾进行花式加工，使龙虾面目全非，食客看不到完整的龙虾，有时便会怀疑原料是否掺假。

潮州菜名厨师许永强在切配龙虾

在传统潮州菜的制作中，最古老的生炊龙虾还要用猪膀网放水中洗净，盖在切配好的龙虾上，再上炊笼炊熟，这样火候均匀，肉质更白。龙虾还有“明炉煮豆腐”“生龙虾沙律”等创新做法。

咸蛋黄焗龙虾　制作者：潮州菜高级技师余庆贵

象拔蚌

象拔蚌在潮州酒家俗称为“象鼻蚌”，近数年潮州酒家才开始将其作为烹饪原料烹制菜肴。

象拔蚌是一种深水蚌类，生活于深海的沙底，捕捉时用压缩机将海底沙粒吹开，再派潜水员拾取，通常每颗重750～1500克。

象拔蚌

象拔蚌味道鲜甜，肉质爽脆，在潮州菜中它的吃法有多种，常见的有片成薄片生食，配上麻油等酱碟，也有和潮州特产酸咸菜等一起煮成汤，还可煮粥、油泡、生炒等。烹制象拔蚌时切忌过火，否则肉质会变韧。

象拔蚌外观有白红色、白黄色、浅黑色等几种，但其味道、口感并无不同。颜色不同是因为其产地、环境不同，所以有不同的保护色。有些客人见到象拔蚌肉色微黑，便以为是质量欠佳，其实是一种误解。

大连鲍

目前潮州地区使用的大连鲍产自大连、北海一带海域，但也有部

大连鲍

分是珠海、湛江一带人工养殖的。

大连鲍比台鲍大，一般如小孩的巴掌一样大，小的一颗约有50克，大的一颗可达200～300克。大连鲍壳薄，外壳边缘有7～9个小孔。大连鲍肉质比台鲍硬得多，故烹制时间要比台鲍久一点，一般焗大连鲍要60～80分钟。

大连鲍的壳可入药，即中药石决明。

澳洲鲍

目前潮州地区使用的澳洲鲍产自澳洲海域一带，体积大，肉厚，普通小的有200～300克，大的有600～700克。澳洲鲍外壳厚实，有7~9个小孔。有的大澳洲鲍时间长久，外壳甚至长有海草，外壳呈唛红色或淡黄色。

澳洲鲍在潮州菜中烹制成的菜肴有“麒麟鲍”“鲍鱼盒”“鲍鱼卷”“鲍鱼丸”“鲍鱼粥”等，也可切片生灼。

澳洲鲍

澳洲鲍虽然体大肉厚，但因肉质偏硬、粗糙，故在市场上其价钱比大连鲍便宜得多。

台鲍

台鲍

目前潮州地区使用的台鲍都是人工养殖。因鲍苗是从台湾引进的品种，故称为台鲍。

台鲍形体较细，外壳颜色接近大连鲍，乌中带绿，鲍壳表面白银色。台鲍壳薄，有7～9个小孔。台鲍大的每公斤36～48颗，小的每公斤56～68颗。

台鲍营养丰富，富含高蛋白，钙含量也高。台鲍在潮州菜中一般用来作炖品或生炊，肉质爽脆。如台鲍已死或是冷冻的，再用来烹饪，则肉质较韧。

台鲍用作炖品时，有时是连壳带肉一起下炖盅，但台鲍肉要取出来把肠洗净，并在肉里面放十字花刀；如是焗鲍，则壳用于和其他配料一起作炖品，肉用于焗。

活的台鲍肉外表黑色，切开内呈浅黄色。如台鲍已死，台鲍肉外表的黏液就会脱落，颜色变为浅蜡色。

酒楼购进活台鲍后，如要养活台鲍，当温度太高时，水中要适当加冰，因为水温太高会导致台鲍死亡。

蛮螺

蛮螺即为响螺，喜欢栖息于盐度较高的海底，每年7—8月产卵。潮州沿海机拖网作业时有捕获，但资源少。

蛮螺为潮州菜筵席上较高档的海味。潮州名菜“明炉烧蛮”就是以蛮螺为主料。在潮州菜中，人们还喜欢将蛮螺的头部和尾部用来炖汤，而中间称为“螺盏”的部分，则经常切成片后用来白灼。潮州菜烹制蛮螺的技术要求很高，特别是在刀工、火候上十分讲究。

蛮螺

蛮螺体形大，一般较大的可达2～2.5公斤。潮州沿海所产的蛮螺分为厚壳和薄壳两种。厚壳的蛮螺壳身长有棱角，而薄壳的蛮螺壳身无棱角。厚壳蛮螺起肉率较低，但螺肉密度大，结实，味鲜美；薄壳蛮螺起肉率较高，但肉较粗糙，有微孔形。

角螺

角螺属软体动物门盔螺科动物，产于我国东、南沿海一带，其体形略呈拳头大小，因其外壳带有尖锐棱角，故潮州一带均称其为角螺。

角螺是潮州菜中较为常用的海产螺类。角螺肉质脆嫩、味道鲜美，在潮州菜中往往用以制作“白灼角螺”。制作这道菜的关键是，

角螺

白灼时水温不能太高。入水灼的时间也不能太久，否则角螺肉会变得老韧，失去其脆嫩的特点。也有人将角螺制成炖品，如现在潮州菜酒楼颇受欢迎的“橄榄炖角螺”等，其制作要点和“白灼角螺”一样，加热时间不能太久。

东星斑

石斑的种类繁多，东星斑是潮州菜中常见的海鲜品种。东星斑的色泽有蓝色、红色、褐色及黄色等，体形比一般斑鱼瘦长，头部细小，蓝色的眼睛中有乌黑的瞳仁，身上布满白色的幼细花点，形似天上的星星，因而称为“星斑”，至于“东”字，是因为它产自中国东部的东沙群岛。

东星斑

东星斑头部细小，肉较多，而且颜色雪白。在潮州菜中，东星斑常被用作生炊。东星斑的外皮光滑，炊熟的鱼皮裂开，那雪白的鱼肉颇为吸引人。

青斑

青斑也称青石斑，遍身鱼体深绿色，散布黑色或棕色小点，有4～5条暗色横带。

青斑的肉质爽而鲜甜，但现在已有人工海水养殖，其肉质比起海洋自然野生的青斑来说要粗糙得多。鉴别海洋自然野生的青斑和人工养殖青斑的主要方法是，海产青斑色泽柔和偏淡，鱼身有自然光泽，而养殖青斑则鱼身浑黑

青斑

而无光泽。选购青斑应选择鱼身外表圆肥、条纹黑白分明者为佳。

青斑也是潮州菜中常见的石斑类，主要用于生炊。

芝麻斑

芝麻斑也称麻斑，身体深棕色，长满像芝麻粒般微赤的圆点，鱼体呈纺锤形，尾鳍后缘截平，背鳍软条部、臀鳍及尾鳍有单纯的白色，常年生活在海岸边岸礁区里。芝麻斑肉色雪白，肉质嫩滑鲜美。由于其肉质偏嫩，容易散碎，在潮州菜中常用作生炊。现在潮州酒楼常见的芝麻斑多为每条1~1.5公斤，偶尔也有2公斤以上的。

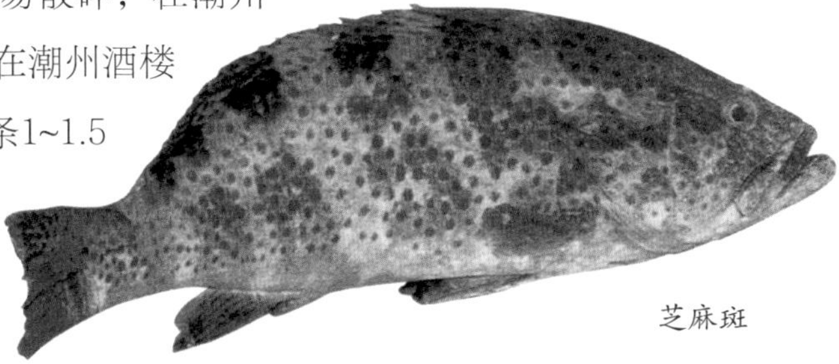

芝麻斑

金鲳鱼

金鲳鱼为鲳鱼类一种，盛产于潮州沿海一带，为潮州菜常用烹调海鲜鱼类之一。金鲳鱼于每年初夏游向近海产卵，四五月份是其最为肥美的盛产期。

金鲳鱼鱼体呈卵圆形，侧扁而高，头小，口小，眼小，牙细密，体披细小青鳞，背部青灰色，鱼腹银白色，其肉厚肥美，刺少。在潮州菜中，鲜活的金鲳鱼多被用作生炊，也有用作红烧。

中医认为金鲳鱼肉味甘淡、性平，可益气养血，柔筋利骨。

金鲳鱼

佃鱼

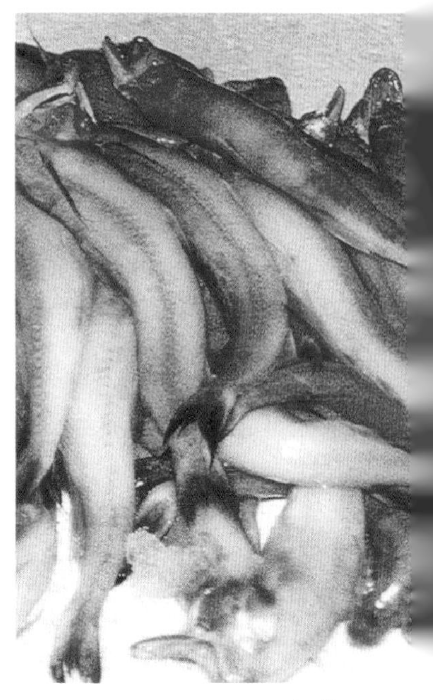
佃鱼

佃鱼是潮州一带群众日常食用的海鱼，属狗母鱼科，色泽雪白中略带微黄，全身肉质相当嫩滑柔软，唯有鱼身一条脊骨，其牙齿幼细尖长，极为锋利，故潮州有一句俗话“佃鱼硬支嘴”，便是借用佃鱼的特点，讥讽那些只会嘴上说而无实际本领的人。

佃鱼属于“见光死”的鱼类，所以市场上所见佃鱼都是用冰块保鲜出售的，其价格便宜。潮州人吃佃鱼大都喜欢切段后煮汤，加适量胡椒粉和味精，味道清甜鲜美，不失为潮州地区一道家常美味汤菜。除此之外，也有人烹制“佃鱼烙”，或切段后挂糊油炸。

钱鳗

钱鳗体形与一般鳗鱼相似，色泽黑褐，体表布满状似古钱的小圆圈，因而称为钱鳗。

钱鳗生长于海底礁石中，头部尖细，尾部扁，眼小口大，两个门牙微露，全身光滑无鳞，其生性凶猛，主要以小鱼、小蟹、鱿鱼等海

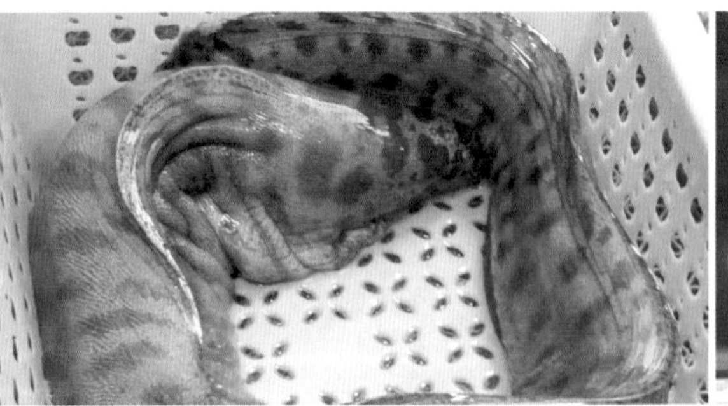
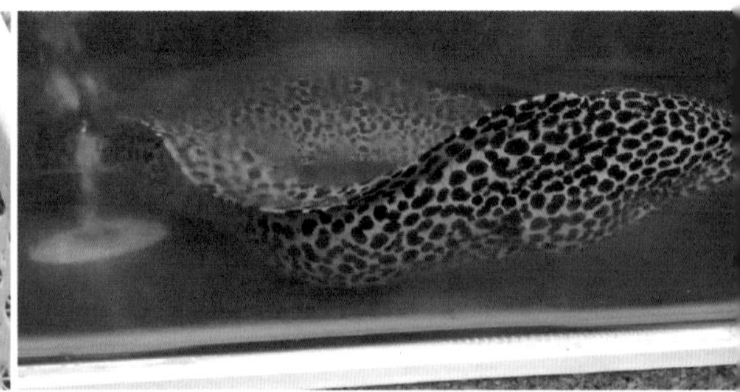
钱鳗

中小生物为食。钱鳗生活习惯特殊，过冷过热都懒于活动，在海水不大清澈的情况下，常出猎捕食，故最佳捕获时间为7—9月。钱鳗在潮州菜中常用的食法是生炊或红炆。

草虾

潮州菜使用的虾类中，草虾可以说是最常用的一种。草虾是渔民在咸淡水交界处养殖的一种虾类，产地主要在饶平的汫洲及南澳一带沿海，生长期在每年农历四月至十月之间，过了十月天气太冷，草虾便不能生长。

草虾呈绿色，和九节虾、沙虾相比，草虾口感差、较粗糙、鲜甜味也较差，但其体形适中，价钱也相对较低。潮州菜中经常用草虾作虾生、打虾胶、盐焗或加蒜茸清蒸等。

草虾

肉蟹、膏蟹

肉蟹

肉蟹和膏蟹即是青蟹中的雄蟹和雌蟹，是潮州菜中最为常见的蟹类。肉蟹“肉”字当头，当然是突出其蟹肉。优质的肉蟹，蟹肉丰满、爽滑鲜甜，有一股清香的感觉；膏蟹的“膏”，实则是雌蟹的卵巢，膏质稠密，蒸熟后膏质鲜红透亮、香滑可口。

肉蟹、膏蟹属节肢动物门甲壳纲蝤蛑科动物，广东省沿海一带都有产，但现在大部分都是人工养殖，目前潮州水产市场所见肉蟹、膏蟹大部分来自饶平汫洲一带渔民所养，真正的海蟹较少见了。

肉蟹和膏蟹的区别是：蟹腹脐部呈三角形的是肉蟹，呈圆形的是膏蟹。肉蟹和膏蟹的质量好坏，对烹制出来的菜肴质量关系极大。但鉴别肉蟹和膏蟹质量好坏，对一个没实际经验的人来说却不是一件容易的事。

潮州人最怕挑选到“冇蟹”，“冇蟹”光有漂亮的外壳而没有肉，像用纸糊的盒子。挑选肉蟹有两种方法，一是看其腹部色泽呈“蜜色”，沟纹（潮人称为“花字”）深利；二是把肉蟹反转过来，用手轻捏蟹壳边缘，如手感坚实，则为优质肉蟹。鉴别膏蟹的最好办法则是，把膏蟹放在阳光下或灯光下，让光线照进壳内，如果在蟹壳两侧呈一团阴影，说明该膏蟹膏质丰满；但如果发现蟹腹呈淡红色，则说明蟹已有病了。

潮州菜烹制肉蟹、膏蟹最流行的食法是生炊，配姜米醋上桌。

膏蟹

红蟹

红蟹也是潮州菜中不时见到的蟹类，当然，它不像肉蟹、膏蟹那样普遍。红蟹在潮州海鲜市场上一年四季可见到，产自汕尾、汕头沿海一带，也有来自广东东南部的湛江、阳江沿海一带。

红蟹

红蟹的壳面呈浅红和瘀红两种色泽，而这两种色泽又形成了类似十字的花纹。红蟹同样有膏蟹、肉蟹的区别，肉蟹的两只螯足大，而膏蟹的螯足小。红蟹肉质清甜，其膏蟹的膏量不多。

蠘

蠘也称花蟹、梭子蟹，壳淡蓝色，呈梭子形，左右两边有尖角，腹部雪白。蠘属节肢动物门甲壳纲蝤蛑科动物，我国沿海各地均有产。潮州所见的蠘，多产自饶平、南澳，种类最多的为蓝脚蠘，其次为三星蠘等。蠘属咸水海域生长的蟹类，肉鲜甜，其鲜美比不上肉蟹，但价格较廉。

蠘是潮州地区常见的海产蟹类，无论潮州菜酒楼或是家庭都时常可见到它。蠘在潮州菜中时常被用作生炒、白灼。白灼蠘时要注意的是，白灼之前，必先用筷子在壳腩间刺下，使蠘死后再白灼，

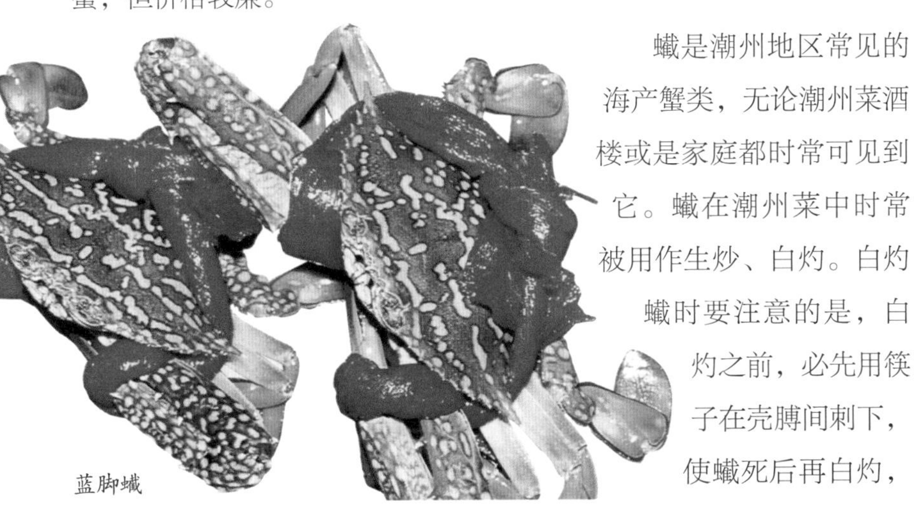
蓝脚蠘

否则将活蠘直接投入滚水中，其脚会松脱出来。

带子

带子是潮州菜中常用的贝壳类海产品，其食法主要是生炊，诸如“蒜茸炊带子”“粉丝炊带子”等，都是食客所欢迎的。

带子外壳大，但可食用的部分只是壳中那一粒雪白的肉粒和附生在肉扣旁边的裙脚，壳内那些红色或赤色的肠脏是不可以食用的。

带子的初加工是将其一分为二，然后洗去肠脏，将壳用刀修成细圆形以盛置一切为二的带子肉。购买带子时，一定要购买鲜活的，带子放在水中，壳口微微张开，一经接触，壳口就会收拢，如壳口不会收拢紧闭，则说明带子已死了。当然，已张口的带子，如果肉质尚未腐败，则还是可以食用的。判断带子肉是否已腐败，有经验的厨师都是将带子肉一分为二的时候，如果厨刀不能顺利取出，则说明整只带子已变质，不能食用了。

选购带子除上面讲的要求鲜活之外，有可能还要放在手中掂一掂，如果壳大而轻，则说明肉细或是其本身已变质。

带子

虾蛄

虾蛄

虾蛄属甲壳类，因其貌似螳螂，故又名螳螂虾。它是潮州海产品之一，肉肥嫩，味鲜甜，且甜中带香，香中带脆，食用价值很高，和对虾、膏蟹齐名，都是潮州菜海鲜菜肴常用烹饪原料。

虾蛄喜栖于浅水泥沙或礁石裂缝内，头部长有一对大脚，形状酷似螳螂那对狼牙刀，胸部有五对附肢，其末端为锐钩形，以捕挟食物，全身由12节变形的硬壳连成，每节硬壳背面分别有4支或8支利刺，尾部为半圆形，其边缘长着8支刺，半圆形两边又各长2支锋利的长刺。虾蛄的腹下长有五层活动褶襞，凭着它那特有的“交通工具”在水中游弋、在泥沙中爬行，不断生长，个体大的可长至20厘米，重可达50克。因为它浑身是刺，所以有“海中小刺猬”之称。虾蛄一遇袭击，便迅速反应，头后仰疾缩尾向前猛刺，来个反身倒刺，往往把袭击者刺得鲜血斑斑，因此一般鱼类莫奈它何，可奇怪的是，它却偏偏害怕浑身软绵绵的蜇鱼，蜇鱼遇到虾蛄就会把虾蛄整个吞下肚子。

虾蛄的食用价值因季节不同而相差悬殊，农历正月的虾蛄最肥美。无论个体大小，都是肉饱膏红，其背呈赤褐色，拨开腹下的活动褶襞，可见一条红心贯穿头尾，两旁均为暗红色，同时尾部呈现约1厘米长的红褐色小棱形，煮熟时浑身赤红，色泽鲜艳，香味诱人，不管谁见到都想尝尝其中滋味。这个时间的虾蛄食用价值最高，俗称“赤心虾蛄”。正月一过，虾蛄开始变瘦；至农历三月，部分虾蛄膏损肉亏，食用时需细心挑选；到了四月，虾蛄完全变为青白色，膏尽肉少就少人爱吃了，所以潮州民谣有“正月虾蛄不给亲，二月虾蛄肉变轻，三月虾蛄有如无，四月虾蛄往厕丢”之说。

食用虾蛄时要尽量保持其特有风味，一般食法有四种：

一是清焗法。将虾蛄洗净，置于鼎中，放淡盐，不放水，猛火焗熟，食时剥壳取肉蘸橘油或蒜泥醋吃。其特点是鲜度强，原味浓，肉香而不腻，多食不厌。

二是腌咸法。先将活虾蛄洗净后，浸于淡盐水之中，约两小时后，在淡盐水中洗一洗，除去腥味，晾干，然后以酱油为主配上适量蒜泥、味精、辣椒、八角与虾蛄搅匀，置于盛器中，再过一两小时之后，便可食用了。这样腌制出的虾蛄，风味甘香，嫩滑爽口，一入口其美味便会使人着了魔似的，“食一想二，食二想三，你拖我拉，一顿食了一脚钵”。如果佐以烈酒，更为爽心。酒席上，它常常是食客最先光顾的佳肴，因为它有一种说不出的风味惹人喜爱，在各类海鲜腌制品中，虾蛄当属第一。

三是生炒法。将虾蛄去刺切段，配以香料，在鼎中炒熟。这种食法别有香味，但最好不要放太浓烈的调料，以免尝不到虾蛄特有的香味。

四是油炸法。整条虾蛄放入滚沸的油中炸至变脆为度，蘸香料，全身食用。其特点是颜色金黄悦目，口感松脆，味道喷香。

薄壳

薄壳为潮州地区贝类海产品，壳呈青绿色，因其壳薄，故称为薄壳。薄壳生活于盐度较高的外湾或岛屿的滩涂中，群聚生活，成片粘连在一起，用足丝附着在泥沙中。

薄壳有野生和人工养殖两种。养殖薄壳是潮州首创，主要产地有饶平的汫洲、大澳，南澳的后江、广澳等地。每年8—10月为盛产期。

薄壳体小肉也小，但肉味鲜美，营养丰富，价钱也便宜，主要为潮州地区群众日常佐膳菜肴。日常潮州人烹食薄壳，主要是加入少许金不换同炒，或以薄壳作配料煮面条汤等。

产自饶平大澳的薄壳

鲜鱿

鲜鱿即鲜鱿鱼，也是潮州地区不论家庭或酒家经常烹制的海产品。

鲜鱿虽叫鱿鱼，但实际并不是鱼，它没有鳃、脊椎，虽然有两片

潮州沿海捕获的内港鲜鱿

菱形鳍，但不是用作划游，而只是起平衡作用。鱿鱼是一种海生软体动物，是海洋原始动物鹦鹉螺的后代。

潮州地区盛产鲜鱿，主要在饶平汫洲、海山以及南澳一带沿海。潮州渔民一般把鲜鱿分成两类，一类叫内港鱿，色泽较红，有光泽，肉鲜甜，口感较爽脆，主要产于近海海域；另一类叫外港鱿，色泽偏白，缺少光泽，肉较韧，味道平淡，主要产于外海海域。

鲜鱿在潮州菜中主要用于炒、汤或白灼、打边炉等，其代表菜是“炒麦穗花鱿”。至于晒成干货，则是潮州地区的干鱿，较著名的是南澳的宅鱿。

蚝

蚝又称牡蛎，属软体动物门牡蛎科动物。蚝在我国沿海均有产，近年潮州沿海一带渔民更是使用人工方法养殖。潮人食用蚝历史悠久，是最常食用的贝壳类海产品之一。

质量好的蚝都是膏质饱满，因而蚝肚饱胀丰满，蚝身雪白而蚝裙乌黑。如果蚝身色泽在灰白中略带青绿，则是质次的瘦蚝了。

最好的食蚝季节是在每年农历九月以后，因为蚝在夏季散卵期间会泻膏而使蚝身消瘦。

潮州饶平沿海出产的大蚝

蚝肉鲜甜滑爽，营养丰富，价格便宜，是潮州传统著名小食“蚝烙”的主要原料。洗蚝时，注意不要用力搅拌抓捏，因为这样会使蚝的营养和膏质流失；合理的洗蚝方法是，把蚝盛在竹箕中，用水轻轻将蚝身污物洗去。

潮州饶平近海养蚝场

潮州饶平沿海渔民正在开蚝

指甲蛏

指甲蛏

指甲蛏是盛产于潮州沿海一带的贝类海产品，体长约4~6厘米，壳呈长形而两端圆，薄而脆，壳长约为壳宽的三倍。贝壳的前后端均开口，后端开口比前端大，生长线明显自壳顶起斜向腹缘，中央有一道凹沟，壳面黄绿色，顶部常因磨损而呈白色。

指甲蛏栖息于盐度较低的河口和浅海内湾的细沙滩，以足部掘穴营居，深达10～20厘米，以水管进行呼吸和摄食。

在潮州菜中，指甲蛏经常用作生炊，有时也会作炖品的原料。

珠蚶

珠蚶是潮州地区常见贝类海产品之一，也是潮州菜海产类菜肴常用烹饪原料之一。

珠蚶又名泥蚶，主要品种有赤砂蚶和大澳珠蚶。潮州大澳人的祖先来自盛产泥蚶之乡的福建莆田，世代养蚶，经验丰富。自清代上海辟为商埠以来，大澳人岁岁运蚶赴沪出售，食客、餐馆争购，其被誉为珠粒，乃易名为珠蚶。

珠蚶外形特点是粒圆，蚶壳上沟深。在潮州地区，蚶的吃法比较讲究，一般均采用白焯的烹调方法。要求焯蚶的水为蟹目水即可，潮州人认为

珠蚶

焯蚶的水过沸，蚶肉过熟，打开蚶壳，蚶肉不见鲜红的血水，蚶肉便失去鲜美的味道。

大澳珠蚶每年春初产卵，随波漂到岸边，附着于烂泥滩中。大澳人适时在咸淡水交融的岸边刮泥，将蚶苗连泥铲起然后洗出蚶苗，放于小场护养，冬至前后，移放入中场，翌年冬季选取粒大的上市，小的移放大场，次年便成大蚶。

二 潮州菜常用蔬菜、水果

潮州地区四季常绿，盛产蔬菜、水果，且多为潮州菜烹饪原料。因篇幅所限，这里只介绍几种潮州特色的蔬菜、水果。

厚合

厚合即君达菜，是慕菜（即甜菜）的变种，形似小白菜，但比小白菜粗大，茎有棱，叶翠绿色。厚合在潮州地区是一种较粗贱的菜，这是因其粗生粗长，微有土味，在潮州农村主要用作喂猪的饲料，因此也称之为“猪菜”。

虽然这样，潮州菜酒楼和老百姓的餐桌上还是不时可见到厚合，著名潮州菜“护国菜”，有时找不到番薯叶，厨师便会以厚合代替。厚合因微有土味，性寒凉，故在烹制前一般都要焯水。

潮州各地盛产厚合，种植时间分为两期。早期一般在8月底下种，20天后可移苗种植，10月底可收成；晚期

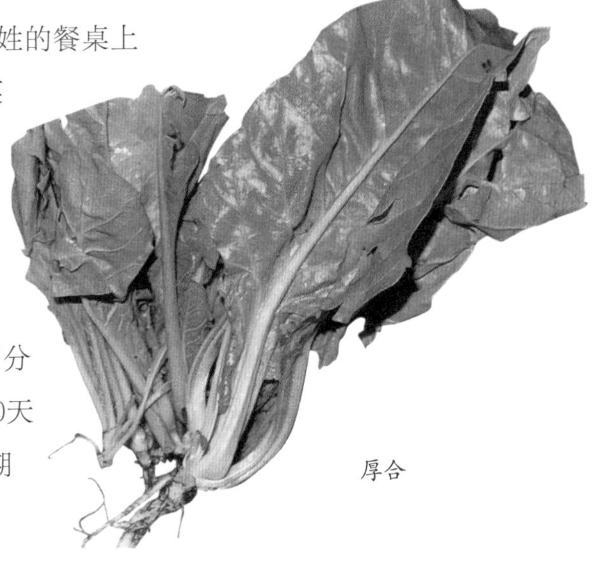

厚合

一般在10月初下种，中下旬移苗种植，11月底可收成。厚合有两个品种，一种是白茎厚合，另一种是青茎厚合，青茎厚合较为可口。

大菜（芥菜）

大菜即是产于潮州地区的一种包心芥菜，是潮州地区对这种包心芥菜的潮州方言俗称。大菜属十字花科植物，潮州地区栽培食用大菜已有几百年历史了。

大菜

大菜每年盛产于冬末春初。叶茎粗壮厚实，呈包心圆球形，有一种淡淡的清香辣味，潮州民众大多将大菜作为腌制潮州闻名小菜“咸菜”“酸咸菜”“贡菜”的主要原料。一些传统潮州菜也是以大菜作为主料，如闻名海内外的“厚菇芥菜”。

多吃大菜对身体很有好处，中医认为其味辛、性温，可宣肺豁痰、温中利气，大菜含硒量较高，具有保护心肌和解毒作用，并可以预防肿瘤及其扩散。

苋菜

苋菜在我国栽培历史十分悠久，可以说是我国蔬菜类中的元老，而在潮州地区栽培历史也十分久远，每年盛产于农历四月至九月。

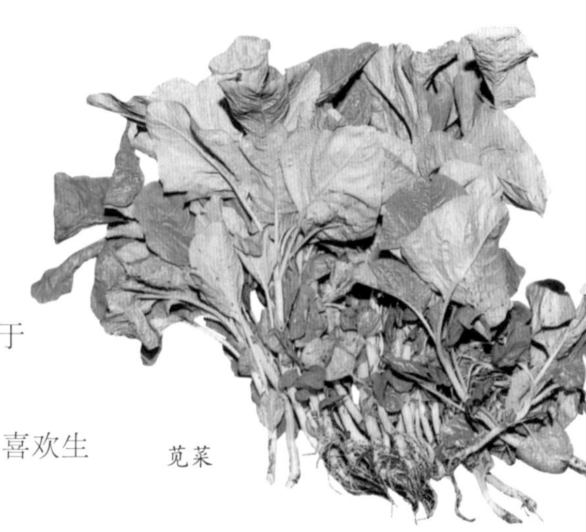

苋菜

苋菜为一年生草本植物，喜欢生

长于温暖的地方。潮州地区的苋菜从颜色看有绿色和紫红色两种，其特点是甘香滑润，潮州人特喜欢以蒜头朥作料头生炒苋菜作为家常菜，而“皮蛋苋菜煲”则是有名的潮州菜创新菜。

芫荽

芫荽是潮州菜中最常用的起调味、点缀作用的蔬菜，可以这样说，几乎每一桌潮州菜筵席，都可见到那翠绿色的、小草般的芫荽叶。

芫荽在粤菜中又称为香菜，属伞形花科，原产地中海沿岸，在潮州地区已有悠久的栽种历史。芫荽为一年生草本植物，叶翠绿色，簇生，性喜冷凉而厌炎热，适宜生长在疏松、湿润而富含氮肥的土壤。

芫荽由于具有浓郁的香气，以及翠绿夺目的色泽，既可生食也可熟食，所以潮州菜广泛用芫荽作调味和点缀、菜肴围边之用，潮州俗话“芫荽迭盘头”，指的就是这情况。大凡卤制品、干炸类、烙类，都要撒上一两朵小芫荽，如“卤鹅”“蚝烙”“肉冻”，甚至“红烧鱼翅”，都会见到芫荽。至于潮州的“卤水钵”“红炆海参”“红炖鱼翅”，往往要加入成把的芫荽头，那是单纯起调味增香的作用。

芫荽

油菜

油菜色泽翠绿，味道清甜脆嫩，属十字花科，富含矿物质和维生素，盛产于春秋季节。

潮州人常将油菜分为“白油”和“乌油”两种，“白油”茎色较浅白，“乌油”茎色较深。“乌油”质量较“白油”好，嫩滑清甜。

油菜同样为潮州菜筵席常见炒时蔬。生炒油菜要注意洗切后尽快烹炒，如洗切后放置过久，会影响其嫩滑程度。

油菜

春菜

春菜也是潮州地区常见菜蔬，它的色泽常绿，味道甘中略带甜味，潮州人喜欢配上少许姜丝生炒。近年创新潮州菜中推出一款“春菜煲”，味道甘香甜美，极受欢迎。它的制法是将春菜切段焯水，配以干贝丝、姜丝、赤肉茸炒后装煲煮热上桌，也有以咸蛋仁代替干贝丝的，同样十分可口。

春菜在潮州地区原为春秋盛产，现全年均有种植。

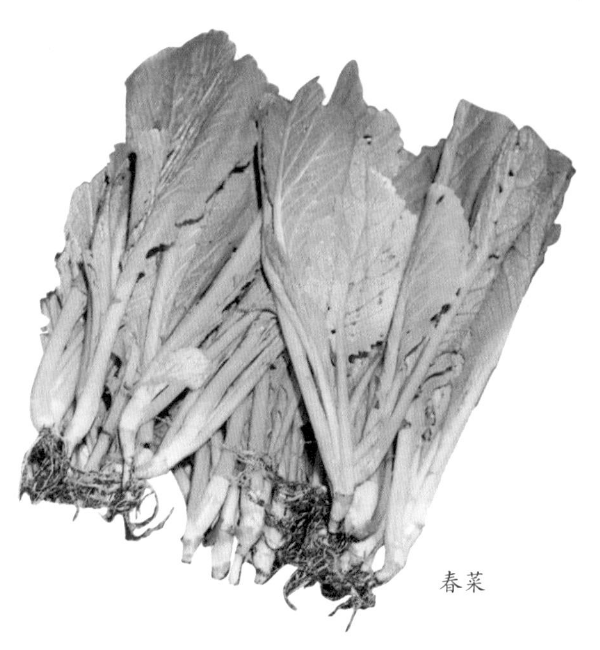
春菜

番茄

番茄是潮州地区常见的蔬菜，民间经常用它制成各种家庭日常菜肴，如“番茄炒鸡蛋”“番茄汤”。在潮州菜中，由于番茄色泽鲜红亮丽，经常被用作菜肴围边、拼盘之用，一些酸甜类的潮州菜则经常用番茄作配料，用番茄制成的调味品如番茄酱、番茄沙司，也是潮州菜常用的调味品。

番茄

番茄为一年生草本植物，又名西红柿，原产美洲的秘鲁和墨西哥，在16世纪时传到欧洲。开始人们只是把番茄作为一种只供观赏的花草植物，甚至认为红得光彩夺人的番茄有毒而不能食用，后来人们才慢慢认识到番茄不但好看，而且味道是那样酸甜可口。

苦瓜

苦瓜属葫芦科，原产东印度，在潮州地区有十分悠久的栽种历史。苦瓜外表为不规则的大小瘤状，肉味苦中带甘，营养丰富，富含维生素和矿物质，盛产期为每年的夏秋季，有清热退火的功效。潮州人因为避忌“苦”字，有时也将苦瓜称为珠瓜。

苦瓜在潮州菜中经常用作炒、炆、炖汤的原料，诸如“苦瓜炒蛋”“苦瓜炖排骨”等，都是有名的潮州菜。

苦瓜

菜头（萝卜）

菜头即萝卜，在我国栽培历史十分悠久。远在先秦时代，当时著名的诗歌总集《诗经》中收集各地民歌的“风”中已有提及萝卜的诗句。潮州地区种植菜头，同样已有悠久的历史。

菜头为一年生或二年生草本植物，食用部分为它的根块，白色，含有丰富的维生素及矿物质，而且还具有许多食疗作用，如能消食、醒酒、化痰、利尿、促进新陈代谢等，其味道清甜可口，所以在秋季季节，潮州人特别喜欢食用菜头。

潮州民间食用菜头有多种烹调方法，或炆或炒或炖汤都十分可口。特别是潮州的“菜头粿”，更是远近闻名的小食。菜头主要用于炖汤或熬汤，如潮州菜中著名的“清汤萝卜丸”“清炖菜头丸”“石斑头炖菜头汤”等，闻名遐迩的潮州著名特产“菜脯”，也是以菜头为主料。不过，潮州民间普遍认为，如果吃了人参之类的补品，最好就不要吃菜头了，因为菜头有消散的作用。

萝卜

竹笋

竹笋是烹制潮州菜的一种常用而又重要的原料，也是潮州地区群众极为喜爱的一种蔬菜。

竹笋又名竹肉、竹胎，为木本科植物，是竹的芽孢发育而成的嫩芽。竹笋是众多笋类品种的总称。按竹笋出土的时节来分，有春笋、夏笋、冬笋；按竹笋的品种来分，有毛竹笋、淡竹笋、麻竹笋等几十个品种。

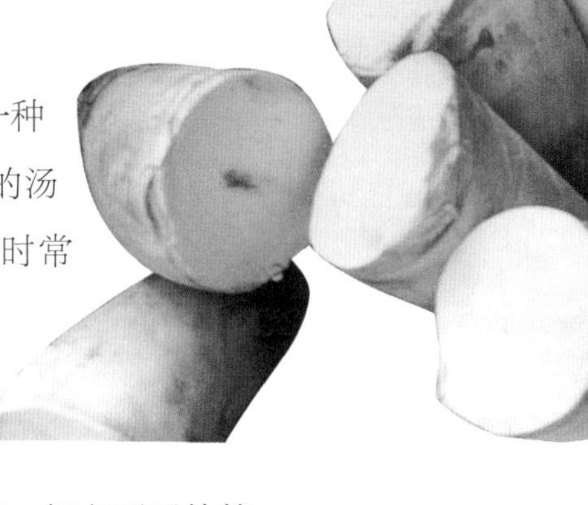
竹笋

竹笋在潮州菜中是一种重要的原料，潮州菜中的汤类、炒类、炆类菜肴，时常将竹笋刻成笋花，或切成块状作为配料，如潮州菜中的“炒麦穗花鱿”“红炆鹅脚掌”等，都离不开竹笋。

竹笋味道鲜美、口感脆嫩，与各种不同的肉类原料同煮，还能产生特别鲜美的混合美味。因此，竹笋历来被列为山珍之一，享有“蔬菜皇后”之美称。潮州地区群众特别喜爱以笋为原料烹制各种家常菜和小食，如“竹笋酸菜排骨汤”“笋粿”等。

潮州地区大多数农村、山区均有种植竹笋，在谷雨过后出土的春笋，大部分属麻竹笋，这是因为潮州郊区农村和潮安、饶平两地的山区，大都种植麻竹。目前在潮州上市的竹笋，主要来自郊区农村，也有来自揭阳、澄海等地，但以潮州市近郊出土的竹笋质量较为上乘。

竹笋因为是竹的嫩芽，纤维素特别丰富，因此在挑选竹笋时，特别要重视其鲜嫩度，一般应是头短而饱满，笋壳浅黄色而有光泽，笋肉洁白细嫩为佳。潮州人一般认为笋壳有一半以上变青，即为“青头”，质量较差，是因为该笋长出土面太久，已太老，且可能带苦味。

潮州地区大部分山区农村都有种植竹笋

竹笋的初加工是将其去壳，对半切成块，放入水锅中烧开后慢火煮20～30分钟，然后用活凉水反复冲漂一个小时左右。有的竹笋带有苦味，这和竹笋的品种及不当时令有很大关系。鲜竹笋切片晒干，称为“笋干”，又称为“玉兰片”。

芡实

芡实是长于池塘、水田、湖泊的一年生水生植物芡的成熟果仁。芡实在我国可分为两类，一类是生长于福建、江西一带的北芡；一类是生长于广东的南芡，在潮州地区，以潮安东凤出产的芡实最为著名。

芡实在潮州地区价格较贵，这是因为芡实的收摘加工必须靠烦琐的手工。芡实的收摘，首先是用手去掉带刺的深绿色的果壳，取出一颗颗带硬壳的小果仁，用稻草灰洗去其外面黏滑的物质，再用手工一粒粒剥去其硬皮，取出芡实。芡实每年在农历三月至四月开始种植，到了五月至六月便长出紫色的花朵，七月至八月是盛产期，到了十一月至十二月则已基本收割完毕了。

农村种有芡实的鱼塘

芡实

莲角

莲角也称菱角，在潮州各地农村多有种植，其中以潮州磷溪仙美村金厝池的莲角较为闻名，大概是因为这里的土质、水质特别适合莲角生长，所以出产的莲角甜且多淀粉。

莲角是一种水生植物，它的叶漂浮在水面，而根、果实却在水里。莲角适应生长在半肥沃的池塘，而种植莲角的池塘不可同时放养草鱼（鲩鱼），因为草鱼会把莲角的根咬断，使莲角枯死或开花不结果。

莲角

在每年开春的时候，农民们便开始忙于种植莲角，他们先把池塘里的水放至1米深左右，然后把幼苗种下，约一个多月时间，等幼苗长大一些后，便把池塘中的水增至2米多。农历三月左右，莲角便开始抽花，十多天后开始结果，一直至端午节前后便可开始收获。

采摘莲角的情景十分富有诗意，农民坐在莲角船上，用双手划水，在莲角池中往返穿梭采摘。刚摘下的莲角外壳黑色中透出紫红，

潮州地区农民在摘莲角

把莲角的外壳去掉，里面还有一层薄膜。

莲角在潮州菜中时常可以见到，可作甜菜，也往往是炒、汤、炆、煲的原料，近年出现的新派潮州菜中便有一款“莲角煲”，十分清爽宜口，这大概是因为莲角不但清甜且富有淀粉。

莲厚

莲厚即莲藕，为多年生水生草本植物，原产亚洲南部印度一带，在我国栽培已有3000多年的历史，但在潮州地区种植却是近几百年的事。

潮州农村种有“莲厚”的池塘

莲藕

莲厚叶圆大，高出水面，叶柄平滑或有小刺，地下根茎长而肥大，即我们所说的可吃部分的莲厚，有长节，富含淀粉。

莲厚味甜爽脆，有清热退火之功效，可以生食，潮州人喜欢用它熬排骨汤，或制成蜜饯莲厚。

南姜

南姜有些地方也称为良姜，为姜科植物高良姜的根茎，南姜块皮色深红，盛产于韩江流域一带山地。南姜粗生粗长，一般在山地种下后，不用怎么培育，让其自然生长，每两年收一次，挖后剩下的根块还会再发芽生长。南姜以丰顺县留隍出产的质量最好，味浓香，皮色深红，肉淡黄，浓香中带有辣味。

南姜和生姜的不同在于，其具有辣味的同时，还有浓烈的香味。在潮州菜中，南姜是卤水钵必不可少的配料，甚至可以说，有无南姜是潮州卤水和外地卤水的最主要区别。此外，南姜还经常被磨成末，潮州人称为“南姜夫”（“夫”为潮州方言叫法，即“末”的意思），作为一种调味品使用。

南姜

林檎

林檎

林檎为潮州名果，学名番荔枝，原产澳大利亚，属番荔枝科落叶小乔木的成熟果实。果树高约5米，树冠4米左右，每年4月开始萌发新叶，开花，结果，9月可陆续采摘。一般种植后四个月即开花结果，产量逐年提高，树龄30年以上，性喜阳光，宜植于松软沙质冲积土。约200多年前，澄海县樟林旅泰华侨从国外带来林檎树种，种植于樟林巷一带，后逐步扩大种植，成为特产。

樟林地处韩江三角洲，背山面海，土质优良，阳光充足，雨水均匀，加上当地人多年积累的丰富栽培经验，生产的林檎果大肉厚，鳞皮鲜艳呈粉绿色，肉质白色如膏似脂，味甜清醇，柔润甘滑，十分可口。

林檎富含果糖、矿物质、蛋白质和多种维生素，有水果补品之称，1988年被评为广东省优质稀有水果。

在潮州菜中，林檎近年被作为创新潮州菜甜品的原料，风味独特，很受欢迎。

杨梅

杨梅为杨梅科多年生常绿灌木的成熟果实。叶羽状，隐形团球花序，果实球状，紫红色，蒂略突起，核小而酥，肉厚质嫩，汁多味馥，甘甜微酸，富含葡萄糖、维生素C，还含可溶性固形物约13%。

杨梅

杨梅具有生津止渴、和胃消食的功效，所以在潮州菜中，人们往往喜欢以杨梅作为饭后果，或作水果拼盘。

杨梅在潮州各地农村均有种植，清明后至端午采摘。

潮州柑

潮州柑是潮州地区著名水果品种之一，也是潮州菜常用的烹调原料。

潮州柑在潮州地区栽培历史悠久。明代郭青螺《潮中杂记》中就

潮州柑

提及："潮果以柑为第一品，味甘而淡香，肉肥而少核，皮厚而味美，有二种。皮厚者尤佳。"

潮州柑有三个品种，包括蕉柑、"碰桶柑"和雪柑。其中"碰桶柑"最为著名，是中国柑橘类中果实最大、品质最优的品种，日本柑橘专家田中长三郎誉"碰桶柑"为"远东柑橘之极品"。但"碰桶柑"枝梢较长而直立，若培育措施不当，树势易过旺而延迟结果，冬季易落叶，果实易受吸果夜蛾吸食等危害。

在"碰桶柑"中，较著名的品种是"碰桶柑"和阳二号，其果实扁圆形，平蒡，果皮橙红色，美观，富含营养，肉质脆嫩化渣，甜酸适中，有蜜味，成熟期为11月下旬至12月中旬。

潮州柑是潮州菜拼盘、围边常用原料，潮州菜中有一道著名的点心"金钱酥柑"便是以潮州"碰桶柑"为主要原料。

枇杷

枇杷是潮州地区重要的水果产品之一。潮州地区种植枇杷的产

枇杷

区，主要有潮安的文祠镇、归湖镇和饶平县中、北部的山区镇。

枇杷因其叶形似琵琶而得名，原产于四川、湖北一带，后来逐渐引种到江苏、浙江、福建、广东等江南温暖湿润地带。早在西汉时期，我国就开始栽培枇杷，到了唐代已极为普遍，枇杷已成为主要栽培果木。白居易有诗“淮山侧畔楚江阳，五月枇杷正满林”，写出了枇杷盛栽的景色。

枇杷营养丰富，果肉含有蛋白质、维生素、胡萝卜素等。在潮州地区，清明前后枇杷便陆续上市，对喜欢吃新鲜果蔬的潮州人来说，枇杷是一种深受群众欢迎的应时水果。枇杷因产地不同，总的来说可分为白沙枇杷、红沙枇杷两种。白沙枇杷皮薄肉白，汁多无渣，味甜似蜜；红沙枇杷果肉橙黄，味道酸甜，爽口健神。因气候和水土的关系，潮州地区种植的枇杷多为味道较酸的红沙枇杷。

枇杷作为水果食用，具有止渴、润燥、清肺、宁嗽、止咳、和胃、降逆之功效。在潮州菜中，潮州菜厨师还经常把枇杷作为烹制菜肴的原料，下面介绍一款传统潮州菜中以枇杷作为主料的菜肴“酿蜜浸枇杷”：

原料：枇杷24个，白糖300克，猪白肉100克，冬瓜册100克，甜冰肉100克，白芝麻50克，雪粉50克，干淀粉20克，湿淀粉15克，清水600克。

制法：首先，将冬瓜册、甜冰肉切幼丁，和入雪粉、炒香的白芝麻一起搅拌均匀，搓成水晶馅。其次，把枇杷剥去外皮，用刀在枇杷蒂口处切平，从切口处取出枇杷核，把水晶馅酿进枇杷里，封口拍上干淀粉，炒鼎下白猪油烧至六成熟，放下枇杷略为过油。最后，把枇杷放在炖锅中，面上盖白肉，倒入白糖水，加盖用文火煮约30分钟，把枇杷捞起装在盘中，原汁勾薄糊淋上即成。

特点：香且酸甜嫩滑，具有浓郁的潮州风味。

快活海鲜苑制作的“枇杷炖猪肺”突出浓郁的枇杷果香味，成为一道远近闻名的新潮州菜

橄榄

橄榄是我国特有的一种水果，原产于我国的海南岛，现在潮州地区各地农村、山区均普遍有栽种，为潮州地区群众所喜爱的水果，其中在潮安的文祠镇、归湖镇所产橄榄较为闻名。

橄榄每年约9—11月成熟，味香甜而略带涩，嚼后回味甘醇，有清热解毒、利咽化痰、生津止渴的作用。潮州人除把橄榄作为食用的

橄榄是潮州地区出产的富有特色的青果

橄榄

生果外，还喜欢把橄榄作为待客的果品，特别是潮州许多著名的小菜杂咸，均以橄榄为主要原料制成，如“油橄榄”“橄榄糁”“橄榄菜”等。

三　潮州菜常用干货原料

干货原料是潮州菜经常用到的主要烹调原料。可以说中国菜常用到的干货，在潮州菜中都可以见到。改革开放前，鱼翅、燕窝之类高档干货在潮州酒楼还比较少见，但改革开放后，这类高档干货菜肴已是潮州酒楼的常见菜了。一些潮州酒楼厨房还设有专工涨发鱼翅、鲍鱼之类高档干货的工种，称为“鱼翅工”。

潮州市专卖各种干货的富华京果行

潮州菜烹制干货原料极其重视其涨发工

产于日本的名贵干货窝麻鲍

潮州菜焗干鲍鱼

序，认真、严格，并积累了大量丰富的实践经验，努力使干货涨发后符合潮州菜的烹调要求和潮州菜的风味特点。如涨发干鱿，外地菜系往往使用加入纯碱的方法，使干鱿松软涨大，但潮州菜讲究突出原料本身鲜甜的特点，认为用加纯碱的方法会破坏干鱿本身的鲜甜味，因而改用“冷水法”，在烹调过程中，在刀工、油温等方面下功夫，以使干鱿烹调后具有爽脆的特点。

潮州菜使用的干货数量繁多，这里只介绍一些重要的和较有特色的。

鱼翅

鱼翅是潮州菜中高档类菜肴常见的干货烹调原料。20世纪六七十年代以前，由于生活水准较低下，潮州一般酒楼烹制鱼翅比较少见，只有一些华侨偶尔从海外带回作家宴之用。改革开放之后，随着人们生活水平的提高，鱼翅类菜肴已是潮州菜酒家常见菜式，且其烹调方

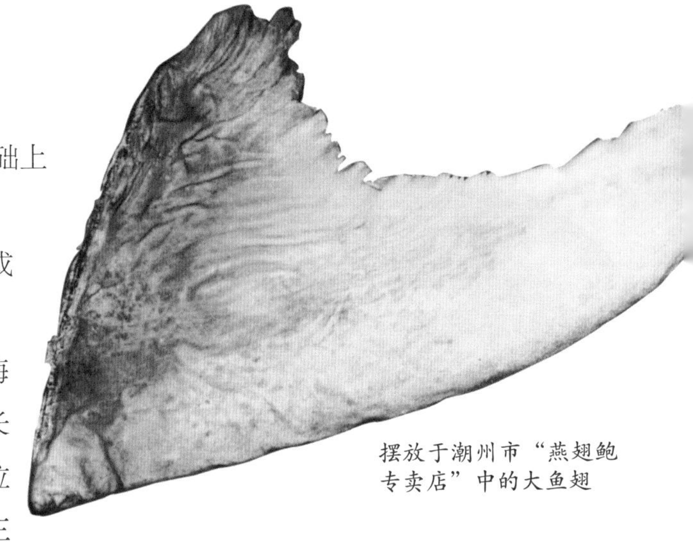

摆放于潮州市“燕翅鲍专卖店”中的大鱼翅

法在传统制法的基础上也不断有所提高。

鱼翅是鲨鱼或鳐的鳍的干制品，是干货中名贵的海味。鱼翅按其生长在鲨鱼身上的部位来划分，可分为三类：一是钩翅，取自尾鳍，全鳍无骨，涨发后成数高，翅针也粗长；二是脊翅，取自背鳍，翅针较幼短；三是翼翅，取自胸鳍，翅针最幼小，翅身薄，在鱼翅中价钱最便宜，多作散翅用。

潮州酒楼最喜欢使用的钩翅称为“金钩翅”。这种翅翅尾似鱼钩，翅饼厚而饱满，翅针密，在阳光下照射看不到透明。据潮州多年卖干货的行家说，金钩翅取自鲨鱼尾鳍，因鲨鱼经常用尾部活动，故其翅针粗长且密，坚硬耐炖，香味浓，涨发后炖好呈金黄色。

鱼翅的涨发是一项技术要求高、复杂而又极其重要的工序。潮州菜鱼翅的涨发，除采用传统的方法外，近年又吸收港澳及外地菜系的优点，有时也使用新的方法涨发，效果极佳，现介绍如下：

鱼翅先用活水浸泡三天三夜（活水即让自来水不断地流出来），浸后用刀切去鱼翅切口处腐肉，以看到翅针为准，用塑料刷刷去表面黏液，然后用竹篾四块，每边两块，把鱼翅切口向外围成一圈，用竹筷夹紧在中间（摆放鱼翅时以不要互相压着为宜，因鱼翅有黏质，压着相黏有时会变形）。接着取大锅一个，加水、绍酒、姜、葱（10斤鱼翅需一斤姜、半斤葱），也用竹篾夹好，否则煮久散了，姜葱会粘在鱼翅上，绍酒五支，鱼翅放在姜葱上面，鱼翅上面再用盘压住，不让鱼翅走动，水要淹过盘面。先用大火烧开后，捞去浮沫，然后用小火煮，时间约60~80分钟。在煮的过程中，每隔一定时间就要用铁钩把鱼翅勾起来看其是否完整成形，如还完整则要继续煮，如翅饼已散，翅针已露出来，则说明已可以了。把煮好的鱼翅漂活凉水半个小时，解掉竹篾拿出鱼翅，从切口处拉掉一丝丝的腐肉，鱼翅即已涨发完毕。

潮州菜中，鱼翅最著名的烹调方法便是传统的“红炖鱼翅”，近年吸收了粤港一些制法，也产生了像“火腿鱼翅”一类的新派潮州菜。

燕窝

燕窝同样是潮州菜中高档菜肴的一种烹调原料。燕窝是由一种生活于海岸边的金丝燕，在海边岩石峭壁筑巢时，吐出的唾液凝结而成。金丝燕的喉部有一种黏液腺，当它在筑巢期间，摄食了海上的小鱼、小虾、藻类等食物，过了不久便可转化为唾液，筑巢时吐出在海边的悬崖峭壁上。因其唾液结胶性极强，一吐出来便牢牢地粘在岩石上，形成色白而又略为透明的燕窝。

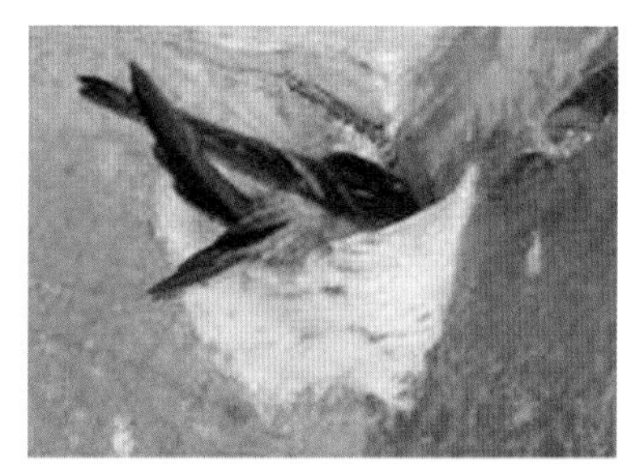

燕窝金丝燕在海边悬崖上住的燕窝

潮州目前使用的燕窝多为产自印尼、泰国一带，海南、广西也有一小部分，但产量少。

燕窝

燕窝的涨发过程大体如下：首先是把燕窝放入冷水中浸泡回软，用镊子小心地镊去夹杂其中的燕毛，再把燕窝放入热碱水中浸泡，使其涨发，以其体积增长到原来的三倍、柔软滑嫩即成（碱水的比例是80° C左右的热开水1000克，食用纯碱4克）。接着将涨发好的燕窝用清水漂洗2～3次，以去掉碱味即成。

燕窝是潮州菜中高档菜肴的原材料

潮州菜中，燕窝最常见的菜式有“清甜燕窝”“甜芙蓉官燕”等。

江鱼裕

江鱼裕即是粤菜中的江瑶柱，也称干贝。江鱼裕是海洋中斧足纲、扇贝科和江瑶科的闭壳肌的干制品，味道十分鲜美。

江鱼裕以日本产的元贝为上品，一般体型大，分宗谷贝和清森贝，前者味香而浓，后者色浅也较淡。日本元贝价钱贵，潮州一些高档酒楼偶有采用，但大部分使用青岛产的江鱼裕。青岛江鱼裕颗粒较细，但味道还是很香浓。

在潮州菜中，江鱼裕的作用主要是和一些瓜菜配

江瑶柱

合，作炖汤之用，如“干贝萝卜丸汤”“干贝冬瓜丸汤”“原盅白菜”“原盅吊瓜”等。这是因为江鱼裕和果菜配合出来的汤水清纯而味道鲜美，不带油腻，这样的汤特别适合夏天饮用。

江鱼裕的品质要求是颗粒整齐，坚实饱满，丝体清晰，表面带有白霜，色泽淡黄而有光泽。江鱼裕的涨发一般是洗净置盆中，加入上汤、姜、葱、酒，上蒸笼蒸20～30分钟，至用手略搓丝体能散出即成。

海参

海参为棘皮动物门海参纲动物的统称。其用作烹调原料均为干货制品，也是潮州菜中常用的烹调原料。

海参在我国沿海有60多种，供食用的有20多种。不同的品种有不同的涨发方法、不同的食用特点。目前在潮州菜中，最常用的海参是白婆参、梅花参、辽参。

白婆参又称白石参，香港人称为“猪婆参”，表面光滑无刺，色白带黄。白婆参肉外黑内白，吃时弹性好，肉多软滑，香味十足。白婆参因外皮坚硬，故涨发之前要先用火烧，烧至外皮焦黑发脆，用刀刮去外层焦黑，见到深褐色为止，再将海参放在冷水中浸泡，待海参体质回软后，放入开水锅中微火炆煮，继续涨发，开肚肠后反复漂凉

涨发好的海参

潮州菜焖海参

水。市场上购买白婆参，要求大条、结实坚硬，手压不下，最好是每条500克以上者。

梅花参也称凤梨参，体积长、体壁厚，产于我国的海南岛、西沙群岛等海域。其背部长满了花瓣状的肉刺，故称为“梅花参”。梅花参要求厚实完整、刺尖者为上品。500克梅花参涨发后可得2500～3000克，外形美观好看，但在涨发过程要十分小心，因梅花参弹性差，容易折断。

辽参又称刺参，产于我国山东沿海、辽东半岛沿海，以及韩国和日本，其中尤以日本关东出产的辽参质量最佳。其背部有4~6行圆锥形的肉刺，两端钝圆，腹面平整，灰黑色，旧时在潮州也有人称它为“海蚂蟥”。

辽参因体积小巧玲珑，潮州的酒楼餐厅都喜欢使用它，炖起来每人刚好一条，味香爽脆，但价格较高。

鱼鳔

潮州菜中的鱼鳔即是粤菜所讲的鱼肚，是某些鱼类的鱼鳔的干制品。鱼鳔根据鱼的种类不同，可分成鳘鱼鳔、金龙鳔、春籽鳔、鳗鱼鳔等，其中金龙鳔即是大黄鱼鱼鳔。

在这些鱼鳔中，潮州酒楼比较少用鳘鱼鳔，偶尔用作炖甜品原料，主要是妇女补养身体的补品。金龙鳔质量最好，但目前市场上已很少见到了。潮州酒楼烹制菜肴用的鱼鳔，主要是春籽鳔、鳗鱼鳔及一些杂鳔。

潮州菜涨发鱼鳔，主要采用油发的方法，其技术要求较高。首先一定要控制好油温，油温一定不能过高，一般在两到三成左右，并要不断用漏勺搅拌，油温一高即要端离火位。判断鱼鳔油发好了没有，有两种方法：一种是将鱼鳔轻轻掉到地上，如发出清脆的响声则说明已发好，如发出低沉的声音则还要继续发；另一种是将鱼鳔切成两半，如切口一周内外是均匀的小空洞则已发好，如外面小空洞、内面还坚实则还要继续油发。鱼鳔油发的质量如何，对烹制菜肴关系极大，如鱼鳔油发不够，则鱼鳔炆起来软烂；如油发过头，则鱼鳔炆起来会散碎。鱼鳔油发好后，还要用清水浸2～3小时，使其回软，并要用手不断捏洗，以去净油发时含在鱼鳔中的油。

鱼鳔

在潮州菜中，以鱼鳔为主要原料的菜肴有“清炆鱼鳔”“酿金钱鱼鳔”等。

鲽脯（铁脯）

鲽脯在粤菜中被称作大地鱼，即是比目鱼的干制品。渔民在捕获

鲽脯

比目鱼之后，在背部下刀，沿脊骨将鱼剖为两边，晒干即成为鲽脯。

鲽脯在潮州菜中主要被用作增加香味的配料，常被用在馅料之中，即将鲽脯用温油炸至金黄色，然后切成末，搅拌于馅料之中。这主要是由于鲽脯经油炸后，有较浓的香味。潮州小食“肖米”、名菜“腐皮寸金鸡”，以及一些油泡的料头，往往都要用到鲽脯。

鲽脯有“白鲽”和“赤鲽”两种，“白鲽”的质量较佳。

宅鱿

潮州地区沿海出产的鱿鱼干品主要产于南澳县，宅鱿也即以产地南澳县城的后宅镇而得名。南澳县渔民历来有晒制加工和保存鱿鱼干的高超技术。将钓获的新鱿从腹面剖开，除去内脏后洗净，铺于岩石或竹箔上晒干，不时进行翻动，拉平。特别要注意日晒的程度和时

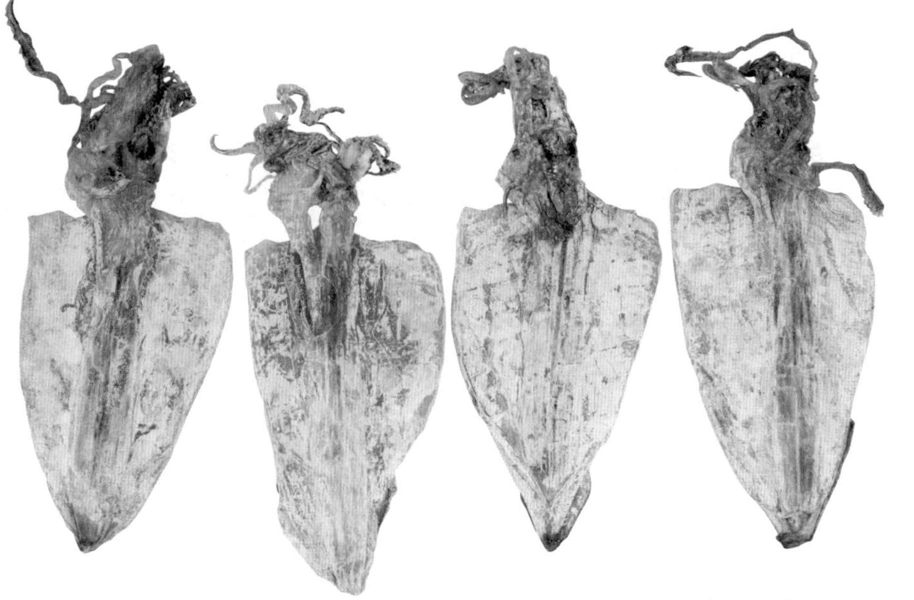

产于南澳县城后宅镇的宅鱿

间，根据日光强度，灵活进行晒、遮、盖，一般晒至八九成干即可收获。如需保存较长时间，贮存一个月后要复晒一两小时。然后藏入铺有竹叶的筐中，压实盖好，则可贮存半年以上，保持香味不变。

宅鱿质优肉厚，加工独特，香脆可口，在潮州菜中常于涨发后用作炒、油泡或做汤菜。

火腿

火腿是鲜猪后腿的腌制品，一般要经过修坯、腌制（用6次盐，一个月左右时间）、洗晒（约需5～6天）、晾挂、熏制、发酵（需半个月时间）等多道工序。整个制作工序要两个多月时间。

火腿肉色红艳，香气清爽不腻，咸淡适口，肉质细密。在潮州菜中，有不少地方都要用到火腿，如潮州菜中的熬上汤，便要放入火腿骨，至于潮州菜中的“云腿护国菜”“火腿翅”“生炊麒麟鲈鱼”等名菜，则更要用火腿作主料或配料。

火腿按其产地可分为“南腿”“北腿”“云腿”三种，“南腿”产自浙江金华一带，也称“金华火腿”；“北腿”产自江苏如皋一带；“云腿”也称“宣威火腿”，产自云南宣威一带。说起“南腿”，还有一段动人的历史故事，传说宋高宗赵构南渡的时候，名将宗泽家乡义乌人纷纷杀猪慰劳前线战士，因为家乡离前线太远，义乌的乡亲便把猪肉用盐腌渍，再用烟熏干，一路风吹日晒，不远千里送到前线，战士们吃后觉得特别可口，香气浓郁，宋高宗赵构见到猪肉鲜红如火，便赐名曰“火腿”。

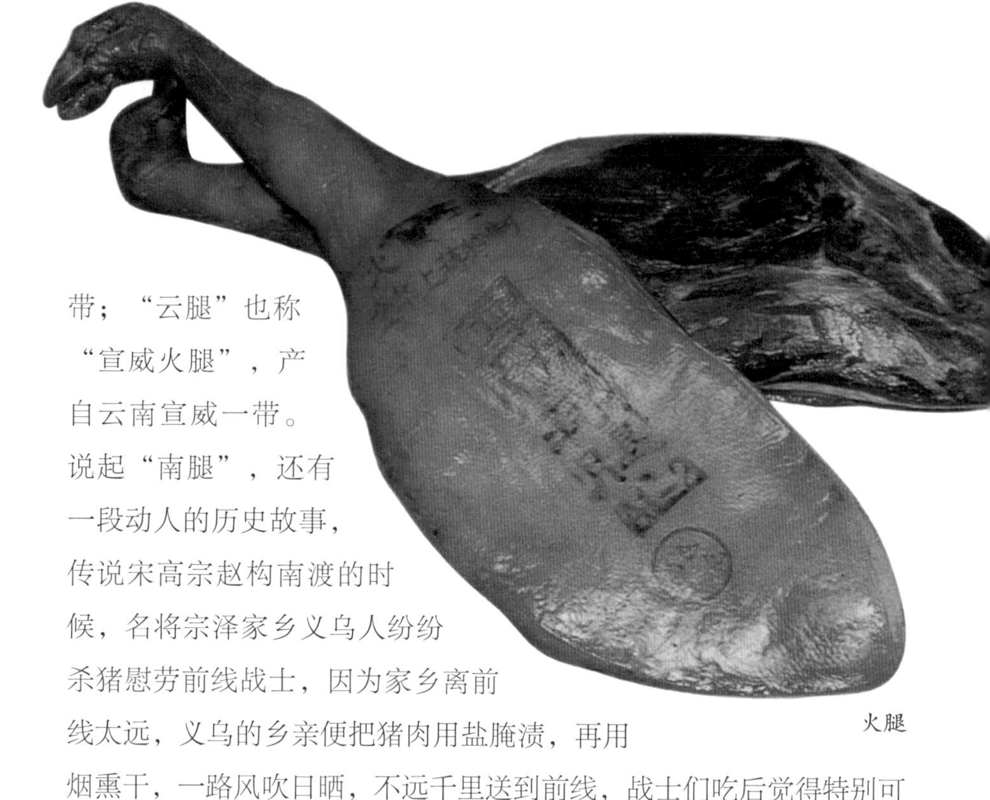

火腿

火腿的选购十分重要，一般要求火腿坚实，把火腿平平地往地下一放，如听到坚实的“叩”声则为好火腿，如发出松洞的声音则质次；另外，好的火腿应肥肉少，赤肉多。在潮州，选购火腿有“三飘香”之说，即用一竹签，分别插入火腿上、中、下三个部位，随插随拔出闻气味，如三次都香气袭人则为佳品，无香味的较差，有杂味但尚无臭味的为次品，如有臭味则不能食用了。

蛤士蟆油

蛤士蟆油是来自一种被称为“哈士蟆”的蛙类卵巢和输卵管上的脂肪。蛤士蟆生长在我国东北一带，人们捕捉到蛤士蟆后，用热水烫后捞出晾凉，把其中的雌蛙串成串晾晒成蛤士蟆干，然后将蛤士蟆干用沸水煮两分钟后盖上粗麻布闷一晚，第二天剖腹取出输卵管上的脂

蛤士蟆是生长在我国东北一带的蛙类

蛤士蟆油

肪，于通风处晾干即成蛤士蟆油。

蛤士蟆油是名贵补品，也是潮州菜酒楼烹制菜肴的原料之一。蛤士蟆油入馔前，先放入盆中用开水加盖焗半小时，捞起，挑去黑膜和杂质，炒鼎中放入水和蛤士蟆油，煮沸后加姜汁、酒焯5分钟，捞起后用开水再浸半个小时即成。涨发加工后的蛤士蟆油应比原来大十多倍。

雪梨炖蛤士蟆油

蛤士蟆油虽是东北的特产，但潮州菜酒家却时有用它制成营养丰富的美味甜品，如“雪梨炖蛤油”。

白果

白果是银杏树的果实，也是我国特产硬壳果之一。白果的食用部分为其核仁，煮熟后形如绿宝石，香软可口，是传统潮州菜甜菜“糕烧白果”的主要原料。

在潮州，白果的加工方法一般是先将其用开水略煮，捞出放砧板，用磨刀石将果外壳拍裂，剥去其外壳，把白果肉放砧板上，用平刀法将其片成两半，再放入开水锅中焯水，捞出漂凉，如此反复2~3次即成。

白果因含有氢氰酸，有微毒，故不能生食，熟食也不能过量。

白果

茶树菇

茶树菇产地在福建一带的山林中，生长于油茶树上，故名“茶树菇”。茶树菇菇薄而柄长，味道在菇柄上，浓郁中有一股十分诱人的清香气，其味胜过香菇，所以近年潮州菜多用作炖品，深受欢迎。

茶树菇的涨发方法是将其洗净，将菇柄切断放清水中略浸，即可和各种肉类同放炖盅中隔水炖。要注意的是，茶树菇不能放锅中直接熬煮，这样清香特点尽失，最合理的烹调方法是隔水炖，其次涨发时间也不能太久，略浸透即可。

茶树菇

四 潮州菜常用调味品

潮州菜的调味品丰富多彩，一些有代表性的潮州菜之所以具有浓郁的地方风味，是和潮州地区出产一些特有的调味品分不开的。在这里我们介绍一些潮州地区出产的调味品，这些调味品都是在烹制潮州菜时常用到的。

鱼露

鱼露是潮州地区特有的咸味调味品，其与菜脯（萝卜干）、咸菜一起被称为“潮州三宝”。

鱼露除咸味外，还带有鱼类的鲜味。故潮州菜烹制菜肴，厨师多喜欢用鱼露，而不用食盐。

鱼露于清代中叶始创于澄海县。制作的主要原料大多为一种被称为“江鱼”的小鱼和食盐。先将江鱼拌入食盐腌制，经一年以上时间

鱼露

至江鱼腐化，再加进盐水进行水浴保温约15天便成。然后经过一个星期浸渍，滤去渣质便成赭红色的味道鲜美香醇的鱼露。

沙茶酱

沙茶酱是潮州菜中极富地方特点的调味品，其色泽深褐色，味道带有综合性，香、辣、甜。香辣浓郁、风味独特，是其最突出的特点，体现了极强的热带风情、南国风味。

沙茶酱

沙茶酱原是东南亚一带的调味品，历史悠久，有些地方称为“沙爹”，是印尼语的译音。大约在19世纪初，随着潮州、福建、台湾一带华侨和东南亚的往来，这一深受人们欢迎的沙茶酱的制作方法便逐渐被传到潮州、福建、台湾一带。

沙茶酱的制作方法复杂，原料繁多。原来在东南亚一带制作的原料，有一些在潮州无法找到，如“马拉煎”“亚三”等也就被省略，但就潮州地区能找到的原料制成的沙茶酱，基本还是能保持其独特的风味。潮州地区

著名潮州菜调味品制作师傅徐启文正在制作沙茶酱

制作沙茶酱，主要是花生仁、白芝麻、椰子肉、芹菜、芥菜子、芫荽子、辣椒粉、花椒、大茴香、小茴香、桂皮、陈皮、生姜、香草、木香、丁香、胡椒、咖喱、白芍、三奈、葱头、蒜头、南姜、虾米、鳊鱼干、精盐、白糖、花生油等几十种原料经磨碎熬制而成。

沙茶酱在潮州菜中主要作为烹制一些特色菜的调味料，如“沙茶牛肉”“沙茶酱香鸡”等，以及作为一些菜肴和小食的酱碟，如“牛肉丸汤”“蚝烙”等。

咸梅

咸梅是潮州菜特有的调味品，其肉清酸带有果香味，用咸梅烹制的菜肴都具有爽口、引人食欲的特点。近几年出现的创新潮州菜“明炉乌鱼”，便是以咸梅为主要调味品的一款名菜。

咸梅

咸梅以潮州地区和福建一带出产的青梅为原料，以盐水腌渍约两个月至梅肉软烂即成。

腌制咸梅的原料青梅，是指在潮州、梅县、福建上杭等地产的桃梅、李梅。桃梅、李梅每年盛产于4—5月，桃梅个大，李梅个小，且桃梅肉厚核小，而李梅肉薄。

不管是用桃梅还是用李梅来腌制咸梅，都要挑选色红的梅来腌制，腌制后肉才会软烂，如果选用色青的梅来腌制，腌制后肉硬不合要求。因此如果采摘下来的青梅色尚青，就要放置一定时间，等梅色变红才能用以腌制咸梅。

咸柠檬

咸柠檬为潮州菜特有的调味品。用潮州地区本地柠檬，浸盐水2~3个月即成。盐水的浓度是每100毫升水融入200克盐。

特别需要说明的是，制作咸柠檬所用的柠檬是潮州地区本地柠檬，而不是进口的西柠檬，本地柠檬呈圆球形，状如乒乓球，青色，味酸苦，而西柠檬呈椭圆形，颜色黄中透红。

咸柠檬味酸中带咸，有柠檬的芬芳味，为一些潮州菜特需的调味品，如传统的潮州汤菜“柠檬炖鸭”，其主要调味品便是咸柠檬。

咸柠檬

普宁豆酱

普宁豆酱是潮州菜中常用的调味品，豆酱在潮州地区多为家庭自制自用，而以普宁所制的为最佳。

制法是以新鲜黄豆、面粉、

普宁豆酱

食盐等为原料，经发酵、晒制、蒸气杀菌等生产工序精制而成。产品呈金黄色，内含蛋白质、氨基酸、还原糖，质醇味香，营养丰富。

潮州菜传统名菜“豆酱焗鸡”，便是以普宁豆酱作主要调料。另外，普宁豆酱也是潮州菜筵席上常用的酱碟。

三渗酱

三渗酱是潮州菜中特有的一类调味品。它的制作方法是使用制作梅膏后剩下的梅核和梅皮，把这梅核和梅皮晒干，用机器粉碎，加入南姜、红糖和适量的盐，便制成三渗酱。因这酱料是采用梅、南姜、红糖三种原料掺和而成，因而称为“三渗酱”。

三渗酱由于成分含有梅核，故味道有较浓烈的杏仁味，此外还透有甜、辣、酸味，因此三渗酱是潮州菜中一种风味独特的调味品。

三渗酱在潮州菜中主要是用作酱碟，如一些螺类、海鲜类的菜肴往往需用三渗酱作佐料。

三渗酱

梅膏酱

梅膏酱是潮州菜酱碟的一种，其味酸甜适中，气味清香，十分适口。潮州菜中许多使用炸的烹调方法的菜肴，诸如“干炸果肉”“凤尾虾”等，均使用梅膏作酱碟。

制作梅膏的原料是采用产于潮州、梅县、福建上杭一带的肉厚核小的桃梅。制作时，先将桃梅用开水焯熟，捞起后沥干水分加少量盐，再去核留肉，肉中加适量的糖，搅匀腌制，便成梅膏。

红豉油

红豉油也是潮州菜中一种常见的调味品。广州人称其为“珠油”，汕头人称其为“甜豆油”。

红豉油是由红糖、盐、香料加水煮成的。熬制红豉油的香料主要有川椒、八角、桂皮、甘草等。

红豉油的特点是味道咸中带甜，有浓郁的香味，色泽像豉油（即酱油），但比豉油浓粘，用其作酱碟蘸食物进食，特别爽口。在潮州菜中，“烤鳗”“清炖鳗”“炸油条”等小食，都以红豉油为酱碟。

五 潮州菜小菜杂咸

潮州菜中的杂咸，主要是指潮州地区经过腌制而成的各种民间小菜。

“咸”在潮州方言中指吃饭时送饭的菜，这大概是因为咸味是各种菜肴的主味，因而潮州人就以“咸”指代菜肴，如到市场买菜，潮州人称为“上市买咸”。而“杂咸”是指各式各样的腌制小菜。

杂咸在潮州人的日常生活中占有很重要的地位，因为潮州人习惯早上吃粥，而佐粥的小菜便是各式各样的杂咸，如“咸菜”“贡菜”“橄榄糁”等。

潮州菜中的杂咸根据其制作时的原料，可以分为两大类：一类是蔬菜类，一类是豆制品类。蔬菜类如贡菜、咸菜、乌榄、醋姜、菜脯等，豆制品类如甜豆干、姑苏香腐、咖喱香腐等。

杂咸虽是潮州地区的民间小菜，但它却有浓郁的地方风味，因而每个潮州菜酒楼饭店在筵席前后都要送上几碟潮州菜杂咸，而许多潮

丰富多彩的潮州菜杂咸

州菜杂咸也都成了烹制潮州名菜的原料。

酸咸菜

酸咸菜和潮州咸菜一样，都是潮州小菜中的重要品种，它的制作方法和潮州咸菜大体相同，只是用盐量少，所以在腌制过程中会发酵，故带酸味，但这种酸味是自然的酸味。

潮州酸咸菜的具体腌制过程是，选用潮州大芥菜100公斤，粗盐7公斤，放入缸中，适当加点水，然后把缸口密封，再整缸放在太阳下晒，10天后即可食用。

潮州酸咸菜的腌制和潮州咸菜不同之处在于，除用盐量少之外，

酸咸菜

用酸咸菜配制的潮州小菜

还有就是酸咸菜腌制前，大芥菜是不用先晒干的，其次腌制酸咸菜是连芥菜叶，不用把叶去掉。

酸咸菜腌制后不能放久，一般只能放4～5天，但如果酸咸菜浸在盐水汤中，则可存放约半个月，酸咸菜存放久了就会发出臭酸味。

潮州地区的群众经常拿酸咸菜叶煮鱼，味道酸咸可口，引人食欲。

腌制酸咸菜时同样要注意一点，就是装缸时也要用石头压住芥菜，使其浸在盐水汤中。

乌榄

乌榄同样是潮州群众喜爱的、营养丰富而又富有特色的一种腌制小菜，其色泽乌亮，口感糯软而又咸芳可口，富含油质。

腌制潮州乌榄的生乌榄，产自广东、福建、海南和广西，品种有土榄、油榄、半土油榄、车籽榄。其中土榄主要产自广东增城，每年中秋前后成熟，土榄粒大，但核大肉薄无油；半土油榄主要产自潮州地区；油榄和车籽榄主要产自普宁，这两种榄表面都有一层油，如松香一般，腌成后也有一层油，干品表面还有光泽。

腌制潮州乌榄的过程是，先将生乌榄放于盛器中，烧开水至90℃，即潮州人所说的蟹目水，倒进生乌榄中，用盖盖紧，过一会儿即把这些涩水倒掉，然后用浓盐水煮滚后退凉，把乌榄浸在其中即成。

乌榄

在潮州的腌制小菜中，还有一个品种称为榄角，榄角主要用增城产的土榄制作，产地主要在潮州凤塘。榄角的制作方法是，先把整个乌榄用开水焯熟，然后用纱一头咬在嘴里，一头系在脚上，将乌榄切成两半去核，放入筐中浸于盐水中即成。

咸菜

咸菜

人们常说“潮州有三宝，鱼露、菜脯和咸菜”，可见咸菜在杂咸中非常具有代表性，其色泽金黄，味道咸芳爽脆，是潮州群众居家生活常见的小菜，更是一些潮州酒楼烹制潮州风味菜肴的必备原料。如“咸菜猪肚汤”“鱼册”“清炖乌耳鳗”等，都离不开咸菜。

腌制咸菜的主要原料同样是潮州特产的大芥菜。它的腌制过程是，先将每棵大芥菜去掉外面的粗叶，放在太阳下略晒，然后每100公斤芥菜用8公斤粗盐腌制。腌制时用大陶缸，每排放一层芥菜，然后撒上一层盐，最后上面用大石压紧，使大芥菜浸在盐水中，这样腌制约一个月，大芥菜色变金黄，便可食用。

贡菜

贡菜是潮州菜杂咸中很重要的一个品种，也是潮州人民十分喜爱的腌制小菜。它极为爽口，咸味中夹杂一种淡淡的酒香味。贡菜之所以有这个名称，是因为在清代，这种小菜是每年送往朝廷的贡品，因而有贡菜之称。

贡菜

潮州菜中的贡菜有两种。一种是咸贡菜，是将潮州特产大芥菜洗净，切成约3厘米长、0.5厘米宽的条状，放在太阳下晒至半干，然后以每100公斤芥菜条（以晒后计算）加入10公斤盐和适量南姜末反复搓至均匀，加入适量米酒（一般是每100公斤加2500毫升酒），装入陶缸中，把缸口密封，腌制一个月后，即可食用。

另一种是甜贡菜，它的腌制过程和上述咸贡菜一样，只是在100公斤芥菜中再加入约20公斤的白糖。

姑苏香腐

姑苏香腐是潮州府城历史悠久的著名豆制素食小品。早年从江苏姑苏传入，俗称此名。据传清初时有江浙游方道士寄居于潮州城道教寺观老君堂，自制了姑苏一带盛产的干豆腐，作为堂内自用的斋品，后将其制作方法传授给老君堂的道士。老君堂巷口有小店“李财利”，主人与堂中道士友好，获得这干豆腐的制法，生产出售。城中居民广为购食，于是名闻遐迩。

姑苏香腐

姑苏香腐每块约二寸见方，呈黑褐色，制法细腻，加糖水香料一煮、再煮至三煮，色泽鲜美，韧中带爽，香味宜人。潮州生产姑苏香腐已有几百年历史。

菜脯

菜脯即萝卜干，因为在潮州萝卜称为菜头。菜脯是潮州有名的土特产，其与咸菜、鱼露一起被称为“潮州三宝”。有些海外华侨回潮州探亲，回去的时候不是带鱼翅鲍鱼，而是带回一袋袋家乡的菜脯。

图为饶平西苑高堂食品有限公司烹制的“高堂菜脯”在2000年潮州美食文化节被评为潮州名小吃

菜脯之所以这样受到人们的青睐，大概是因为它价钱低廉，而口味却咸香可口，既是老百姓常食用的日常杂咸，又可充当许多潮州菜的配料，更可贵的是它还对人体有许多好处，如能开胃消食、消风散气等。

菜脯的制法是，先将菜头洗净，放在太阳底下曝晒，晚间收回拌盐，并加石头压实，白天再拿出去晒，约拌盐3~4天，一直晒到干、扁，成为菜脯为止。

潮州人称为老菜脯的，即是珍藏多年的菜脯，是菜脯中的佳品，闻之有香气，色泽乌亮鲜艳，有油色。

菜脯有的香气浓，有的无香气无光泽，这和制作菜脯过程中有没有碰到连续晴天，得到太阳曝晒大有关系，没晒到太阳的菜脯便会无香气无光泽。至于有的无心菜脯（即花心菜头晒成的菜脯）反而不一定差，用其切成片煮鲶鱼汤还是很香的。

图为潮州市聚兴隆旅游品商店烹制的“五香油榄”，在2000年潮州美食文化节被评为潮州名小菜

油橄榄

油橄榄同样是潮州人喜爱的杂咸，它的制法比起橄榄糁来说要复杂一些，但它能去尽橄榄的涩味，有较浓的油香味，同样有开胃的作用。

油橄榄的制法是，取10公斤橄榄，用开水焯熟，再用凉水多次浸洗漂去涩汁，捞起沥干水分。洗净炒鼎放炉上烧热后加入1公斤花生油，油热后放入蒜茸，略炒，接着放入橄榄、1.5公斤老抽、1公斤盐、1.5公斤南姜末、0.5公斤白糖，炒拌均匀，用中火熬至水将干时，撒上炒香的白芝麻即可（因加盐故鼎中出水）。

现在市面上有些油橄榄色泽深黑，这是因为漂水不够，没有把涩汁去尽。

橄榄糁

潮州地区盛产橄榄，橄榄糁可以说是民间橄榄一种最普遍的加工腌制的杂咸。橄榄糁还有一传说，据说过去潮州地区一些男人为谋生计外出打工，家中的女人为了让男人回家能吃上新鲜的橄榄，便用盐和南姜把橄榄腌起来，这便是现在的橄榄糁。橄榄的清香带有南姜盐的咸辣，有很好的消食开胃作用，因此潮州人不但用它作早晨吃粥的杂咸，还常用它作煮鱼的调料，起辟腥的作用。

橄榄糁的制法较简单，把10公斤橄榄捣破，调入3公斤盐、3公斤南姜末，加适量冷开水搅拌均匀即成。

橄榄糁

橄榄糁可随做随食，也可久放。

橄榄菜

潮州橄榄菜的出现，是由于过去一些杂咸铺卖剩一些咸菜，弃之可惜，再保留又会变色变味，店主便想出办法，把它洗净晒干，空心菜用盐水焯熟晒干，留到每年农历五月至六月夏收夏种后。这季节经常刮台风，一些未成熟的嫩橄榄被台风打落，潮州人便把这些嫩橄榄焯熟腌盐后，和切碎的咸菜干、空心菜干一起加水加盐（其比例是3公斤橄榄、7公斤咸菜干和空心菜干、3公斤盐），同放鼎中熬后捞起，鼎中再放入1公斤食用植物油，炒热蒜头茸，再倒入橄榄、咸菜干、空心菜干同炒，调入适量味精即可。橄榄菜一般可存放半年多时间。

橄榄菜

CHAPTER 3

第三章 潮州菜名菜菜谱

一 潮州菜传统名菜

红炖鱼翅

“红炖鱼翅”是传统潮州菜中一款高档菜肴，也是鱼翅在传统潮州菜中最常见的烹调方法。

该菜的制法是，用涨发好洗净的翅针1000克，在加入姜葱酒沸水中捞肃5分钟，把鱼翅捞起，放在底部垫有竹篾的大砂煲中。取猪手750克、五花肉750克、排骨500克斩开、猪皮250克一起下油鼎炒香，下绍酒50克，加入二汤3000克和精盐、红豉油15克，再倒入大砂煲中，下姜、葱、芫荽头、火腿骨，加盖用大火炖10分钟，去掉猪手、五花肉、猪皮、排骨、火腿骨和姜、葱、芫荽头等。将老母鸡一只宰杀干净，剖开盖在鱼翅上面，文火炖一个半小时，继而慢火炖一个半小时，最后去掉老母鸡。捞起鱼翅装入汤盆，将原汁过滤后倒入炒鼎，调入味精、酱油拌匀，淋在鱼翅上，撒上火腿丝。

上桌时把豆芽摘去头尾洗净，下鼎炒熟，装入盘和鱼翅一起上桌，另跟上汤一碗、浙醋一碟。

红炖鱼翅　制作者：潮州菜高级技师王鸿鑫

潮州红炖鱼翅

“红炖鱼翅”一定要掌握好火候，前10分钟用大火，是因为这时鱼翅尚未有胶质，继而一个半小时用中火，是因为这时鱼翅已开始有胶质，最后一个半小时用慢火细煲，是因为这时鱼翅胶质已浓，将近收汁，慢火才能不烧焦，又使火候够。

清甜官燕

燕盏是燕窝中质量最好的一种，在旧社会是地方官用以进贡朝廷的，因此又称为“官燕”。“清甜官燕”这道名贵潮州菜中的传统菜，从其菜名就可知，它烹制的原料必须是一流的上好燕盏。

该菜烹制的关键是燕窝的涨发。按照潮州菜传统的涨发方法，首先把燕窝置于大汤窝中，用沸水加盖浸泡20分钟，换开水再浸泡，

清甜官燕　制作者：潮安县庵埠声乐大酒店

冰花血燕

一直至燕窝软化涨发，取出用清水浸洗，并用镊子仔细拣去燕毛和杂质，捞起晾干后再用开水泡半个小时，捞起沥干水分，这样燕窝便涨发完毕。

把涨发好的燕窝置于大汤窝中，上蒸笼蒸约3分钟，再用溶好且滤净的冰糖水，从碗边轻轻注入即成。

“清甜官燕”是传统潮州菜烹制燕窝的代表菜，其色泽淡黄、燕窝洁白，味极鲜美、嫩滑爽口，确为食中珍品。

芙蓉官燕

“芙蓉官燕”是潮州菜筵席中一款较为高档的席上佳肴。在潮州菜中，人们往往把鸡蛋清打至涨发蒸熟称为“芙蓉”，这大概是取其洁白高雅之意。

芙蓉官燕

该菜的制法是，取优质燕盏30克，涨发好后盛于大汤窝内，上蒸笼蒸约3分钟；取鸡蛋清4只放深碗内，用打蛋棒猛打至棉花状，在燕窝将蒸够时间时，轻轻把蛋清泡倒在燕窝上，迅速盖上蒸笼盖，再蒸半分钟取出待用。炒鼎洗干净，下开水800克，加入冰糖400克，慢火煮成糖水，把糖水从盛燕窝的汤碗边轻轻淋下便成。

和“芙蓉官燕”各有特色的芋泥官燕

传统焗鲜鲍

传统焗鲜鲍　制作者：潮州市迎宾馆

把鲜鲍鱼去内脏洗净，放入加有姜葱酒的沸水锅中略焯水，漂洗干净，放入垫有竹篾的煲中。把老母鸡、猪赤肉下鼎炒香，加绍酒略炒，加入上汤、红豉油、精盐，煮沸后倒入煲中，大火烧开后改用中小火炖两个小时，中间用牙签在鲍鱼身上刺小孔，使之入味。最后取出鲍鱼，斜刀切厚片装盘，原汁勾薄糊淋上。

“传统焗鲜鲍”和潮州菜传统“红炆鲍鱼”不同之处在于，后者主料是用水发干鲍鱼或罐头鲍鱼，用肉料炆入味之后，再切厚片红炆。

传统焗鲜鲍　制作者：潮州菜高级技师黄霖

“传统焗鲜鲍”为潮州菜筵席高档菜，由于使用鲜鲍鱼为主料，故肉质软嫩，味极鲜浓。

炆鲍鱼盒

“炆鲍鱼盒”采用的主料是罐头鲍鱼约半斤，用圆形花式模具将其压成直径4厘米的圆筒形，再片成厚约3厘米的圆片，共24片。把优质湿冬菇一两半上蒸笼醉15分钟，取出候用；把虾肉200克拍成虾胶，调入精盐、味精、蛋清、少量白肉丁，轻轻拌匀。取12块鲍鱼片，抹上少量生粉，酿上虾

声乐大酒店的厨师正在制作“蚊鲍鱼盒”

炆鲍鱼盒　制作者：潮安县庵埠声乐大酒店

制作“坟鲍鱼盒”的原料

胶（每片约3钱多），另外12片盖在上面，成为鲍鱼盒，整齐摆在抹过猪油的盘中，上蒸笼蒸5分钟取出，在猪油鼎中走油后和醉好的冬菇一起加入上汤、精盐、味精、火腿片（少量）略炆，勾薄糊后摆放盘中，冬菇围边，火腿片摆放在上面。

“炆鲍鱼盒”是高级宴会菜之一，造型美观，味道鲜美。

富贵石榴球

“富贵石榴球”造型美观，形似一颗艳丽的石榴球，味道也鲜美甜嫩，馅料可根据需要换成鲍鱼丁等，使这个菜更加高档。

这个菜的馅料是鸡胸肉、虾肉、火腿、笋肉、冬菇丁，将其一起走油，加入火腿略炒，调味勾糊

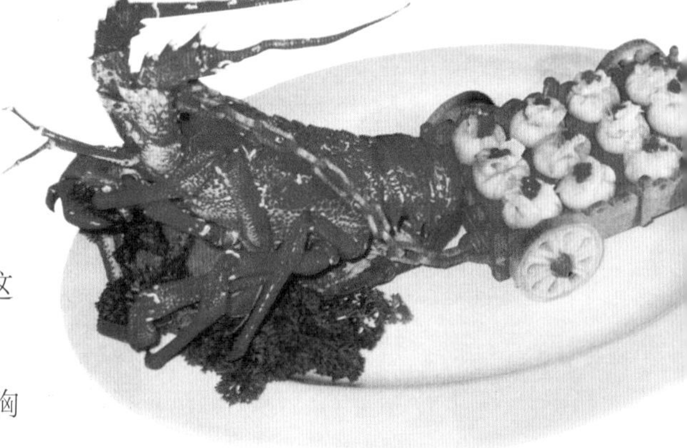

图为2004年4月，潮州市代表队参加在北京举行的第五届全国烹饪技术比赛获奖菜品“富贵石榴球”

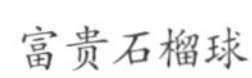

富贵石榴球

后成为馅料。“石榴球”的制法是，用6个鸡蛋清加入1钱生粉搅拌均匀，放平鼎中煎成直径8厘米的圆片，再把肉馅放在“石榴皮”中，用烫软的芹菜丝条把封口扎紧，用剪刀将多余“石榴皮”剪掉，成石榴形。在封口嘴上放上蟹黄，上蒸笼中蒸10分钟取出，另上汤放鼎中，调味勾薄糊淋上即成。

红炆海参

“红炆海参”在潮州菜中是一道历史较为悠久的传统名菜。由于其烂而不糜，软滑可口，鲜味浓郁，富有营养，故在潮州菜中极受欢迎，历久不衰。

该菜的制法是，取涨发好的优质海参750克，切成长6厘米、宽2厘米的块状，放入有姜葱酒的开水锅中略为焯水捞起。炒鼎洗净，下猪油放入海参略炒，然后倒入垫有竹篾的锅里。把切成几大块的猪肚肉500克、老鸡肉500克炒香，放入海参锅里同时加入芫荽头一把、生蒜一条、酱油、红豉油、二汤、甘草一片，旺火烧开后用文火炆一小时。再加入湿香菇50克、肉丸仔10粒、虾米25克，炆至海参软烂后把海参、香菇、肉丸仔、虾米捞起，盛入盘中。原汁调入精盐、味精，勾糊加包尾油，淋在海参上面即成。

“红炆海参”的酱碟为浙醋两碟。

红炆海参　制作者：新加坡潮州菜发记酒楼

酿金钱鱼鳔

“酿金钱鱼鳔”的主要原料

烹制“酿金钱鱼鳔”要采用干鳗鱼鳔。把鱼鳔涨发好后用刀切成长方形，下开水锅加适量酒焯水后捞起。把虾肉、鸡胸肉打成胶，调入味精、精盐、鸡蛋清、鲽（铁）脯末拌匀。把猪膀网铺在砧板上，拍上干淀粉，铺上鱼鳔，再放上虾胶抹平，中间放上切四方条的白肉，然后卷成圆条，切段放在盘中，上蒸笼蒸约7分钟，倒出原汁勾薄糊淋上。四周用炆好的香菇围边。

厨师正在为“酿金钱鱼鳔”勾薄糊（勾芡）

“酿金钱鱼鳔”是以鱼鳔为主料的一款花式菜，酿好的鱼鳔中间是白色的白肉，看上去如一枚金钱的形状。该菜肉质嫩滑，浓香入味。

酿金钱鱼鳔　制作者：潮安县庵埠声乐大酒店

生炊龙虾

潮州菜擅长烹制海鲜，大凡鲜活、名贵的海鲜，大体都采用生炊之法，以求突出其鲜甜的本味，诸如鲜活的石斑、龙虾、肉蟹等。

该菜的制法是，取鲜活龙虾一条，先斩出头胸部、两侧的脚足和两大虾刺，然后再斩出虾尾。头胸部斩出头尖一部分，头胸壳剥出，头胸肉洗净，去虾鳃，对开切两片，再横切若干块，并排摆放于鱼盘上半位置。龙虾身斩去底部两侧的游足，对开切两边，再横切若干块，虾肉向上，顺着前胸肉一直摆下去。前胸壳略斩去两边壳边缘，摆放头胸肉上面，龙虾尾摆放虾肉尾部，两大虾刺略拍裂，和胸足按原位置摆放头胸部两侧，使整条龙虾呈龙虾形状。小心地用清水淋洗一次，放上姜片、葱段、川椒粒，喷少许绍酒、盐水，入蒸笼猛火蒸约10

这是新加坡潮州菜发记酒楼制作的“生炊龙虾”，因其烹制的龙虾是7斤重的澳洲大龙虾，所以无法像中国国内潮州酒楼那样摆成龙虾形

传统潮州名菜：生炊大龙虾

分钟至熟，取出去掉姜、葱，淋上熟猪油即成。

“生炊龙虾”的酱碟为芳香的橘油或芥辣酱。

生菜龙虾　制作者：潮州菜荣誉大师苏培明

生菜龙虾

“生菜龙虾”是传统潮州菜中除“生炊龙虾”外，又一以龙虾为原料的传统菜，它在酒楼中远没有“生炊龙虾”那么常见，但因其制法颇具特色，所以保留至今。

该菜的制法是，先把活龙虾洗净，用旺火沸水把龙虾焯至熟透，再捞起晾干待用。将嫩生菜叶用冷开水洗净晾干，切成片垫在大鱼盘底；取番茄用沸水烫过剥去外皮，切成半圆形，在生菜叶上依次摆上。然后把龙虾头、尾部、五对游足切出，摆在盘上相应位置，中间龙虾肉去壳后用斜刀法切成薄片，和火腿片、鸡蛋白片相夹、依次摆上（在虾肉片和火腿片的四片中间插上蛋白片一片，以保持造型美观）。

传统潮州菜“生菜龙虾”又一做法

“生菜龙虾”的酱碟为沙律酱。传统上都是自己调制，其方法是把蛋黄放入碗中，将熟花生油分四五次加入搅拌成酱后，调入白醋、白糖拌匀，然后再加入芥辣酱、柿汁酱、精盐、味精一起搅拌即成。

上菜时酱料的处理有两种方法：一种是把配好的酱料淋在龙虾肉上；另一种是把酱料装在两汉碟上，和菜一起送上。

明炉烧蛮

蛮螺又称海螺，“明炉烧蛮”是原只蛮螺用明炉烧烤，制作独特，肉香味浓，是潮州菜传统菜肴之一。

该菜的制作别具一格。先用碗盛绍酒15克，生抽15克，味精、川椒粒各10克，生姜粒、生葱粒各25克，搅拌均匀。把约1500克的大蛮螺洗净，竖立起来，把碗中的调味料从蛮螺口慢慢倒入，然后把蛮螺放在特制的炭炉上，用中火烧烤，烤时把上汤100克分几次从蛮螺厣口逐渐倒入，以防蛮螺失去水分而烧焦。烧的时候要注意将螺身稍稍转动，约烧半个小时左右，至螺肉收缩，肉厣脱离即熟。挑出蛮螺肉，切去头部污物和硬肉，同时去净蛮螺肠，用刀把螺身黑色表层刮干净，然后斜刀切成两毫米厚的薄片，和柑片（或菠萝片、黄瓜

明炉烧蛮　制作者：潮州菜荣誉大师苏培明

明炉烧蛮的原料

螯螺烧烤后，要用刀把螺身黑色表层刮干净，然后斜刀切成2毫米厚的薄片

苏培明师傅在特制的炭炉上烧烤螯螺

在首届全国粤菜大赛中荣获个人优秀奖的潮州菜荣誉大师苏培明师傅

片）、火腿片共同拼成各种形状，摆砌于盘中，俗称“红白片”。上桌时同时上梅膏酱、芥辣酱。

“明炉烧螯”味极鲜美香甜，是潮州菜传统席上佳肴。

干焗蟹塔

“干焗蟹塔”和传统潮州菜“干炸虾枣”有异曲同工之妙，一虾一蟹，相得益彰。

该菜的制法是，先将蟹壳洗干净，用开水烫软后，用剪刀剪成直径约一寸的12个圆形壳；把鲜虾肉150克拍成虾胶，调入精盐、味精、蛋清搅匀。把少量肥肉幼丁、冬菇幼丁、韭黄幼丁、火腿茸、姜米放入虾胶中顺同一方向搅匀，再投入250克的蟹肉搅拌均匀，分

“干焗蟹塔”的原料

干焗蟹塔　制作者：潮州菜高级技师刘宗桂

成12份，酿在12个圆形蟹壳上，成尖塔形。上蒸笼蒸5分钟后取出，塔身拍上一层薄面粉，放进焗炉焗香（或用油炸），然后均匀洒上胡椒粉即可。上桌时同时上浙醋、喼汁各两碟。

制作这个菜要注意两个关键问题：一是蒸的时候要旺火，且时间不能太久，以免失去虾胶、蟹肉的鲜甜味；二是炸时要用温油，以保持色泽美观。

“干炸虾枣”因形如红枣而得名，“干焗蟹塔”则因形似宝塔而得名。

鸳鸯膏蟹

肉蟹、膏蟹同样是潮州菜最常见的海产品，最为流行的做法也是生炊。“生炊肉蟹”“生炊膏蟹”曾经是上潮州菜酒楼必点之菜。肉蟹、膏蟹之所以主要采用生炊的方法，是因为肉蟹、膏蟹本身味道极为鲜甜，

制作“鸳鸯膏蟹”的原料

鸳鸯膏蟹　制作者：潮州市潮州菜特级厨师王世辉

厨师将肉料分别酿在蟹肉上

“鸳鸯膏蟹”上蒸笼旺火蒸12分钟左右，去掉姜葱，淋上猪油即成

而生炊是最能体现烹调原料原汁原味的一种烹调方法。

肉蟹、膏蟹在潮州菜中的做法，除生炊之外，首推“鸳鸯膏蟹”，其味道鲜美、造型美观，同样是传统潮州菜中的一道名菜。

该菜的制法是，取肉蟹、膏蟹各一只，剥开蟹壳去鳃洗净，用刀斩出大脚，蟹身切成8块，每块连一只小脚，蟹壳切去边缘，取出蟹膏待用。取75克肥猪肉、10克湿香菇切成末，100克赤肉斩成茸，鲜虾肉200克拍成虾胶，一起放入大碗中，调入味精、川椒油、精盐拌匀，然后把肉料分成两份，一份掺入鸡蛋黄、蟹膏，一份掺入青豆泥

（将青豆去皮碾泥）。分别酿在蟹肉上面，和大蟹脚一起摆在鱼盘中，摆成鸳鸯一对的形状；剩下不同色泽的肉料分别酿在两个蟹壳上，摆在鱼盘两边，放上姜块、葱条用旺火蒸12分钟左右，去掉姜、葱，淋上猪油即成。上桌时同时上姜米醋两小碟。

“鸳鸯膏蟹”原料采用雄蟹、雌蟹各一只（肉蟹为雄蟹，膏蟹为雌蟹），膏蟹呈青红色，肉蟹呈粉青色，成鸳鸯雌雄一对的形状，故名“鸳鸯膏蟹”。潮州菜的色、香、味、形、名俱佳，于此菜可见一斑。

炸凤尾虾

“炸凤尾虾”在制成之后留下完整的虾尾，因而美其名曰“凤尾”。

该菜的制法是，取中等大小的明虾24只，剥去虾头虾壳，仅留下虾尾和虾尾前一节虾壳，用刀在虾腹中间片开，剔去虾肠，用刀轻拍一下，再在虾肉上轻轻划几刀，用姜、葱、酒、味精、精盐、川椒末腌渍。取两只鸡蛋、三两面粉加适量清水调成蛋面浆，把虾逐只挂糊下六成热的猪油锅中炸熟透，捞起略停，再复炸一下，淋上胡椒油装盘。上桌时同时上甜酱。

烹制这个菜要注意两个问题：一是挂糊时虾尾和虾尾前一节虾壳不要沾到蛋面浆，以突出“凤尾”的美观；二是用刀从虾腹中剖开后，一定要用刀把虾身轻拍平，并用刀在虾身上轻轻划刀，使虾身在油炸后能保持平直。

炸凤尾虾

干炸虾枣

干炸虾枣

“干炸虾枣”是因为制成菜品之后形似红枣，故名“虾枣”。制作这个菜，其主料、配料之间的比例较重要，主要有鲜虾肉300克，熟瘦火腿10克，白肉50克，韭黄15克，去壳鸡蛋75克，马蹄肉75克，面粉50克。制法是将虾肉洗净，吸干水分，拍成虾胶；火腿、肥肉、韭黄、马蹄均切成幼丁，一起放入虾胶中，调入精盐、味精、鸡蛋清，拌匀后下干面粉拌匀成馅料。用手把肉馅挤成枣形，下四成热的油锅中浸炸至金黄色，用胡椒油拌匀即可上盘。上菜时同时上甜酱或橘油，并用潮州柑或菠萝等水果围边。

白灼蚶

白灼蚶

“白灼蚶”是潮州菜中蚶的最主要食法，也是潮州群众喜爱的一道海味菜肴。

这个菜的制作看似简单，但要做得符合要求却不容易，其中关键是掌握好灼蚶的水温。

如果水温太高，潮州人一般认为打开蚶壳后，蚶肉没有鲜红的血色，失去鲜甜味；如果水温太低，蚶肉不熟，以至连蚶壳也打不开。

正确的烹调方法是，先将蚶放冷水中反复冲洗干净，然后放入汤窝中；炒鼎洗净，放冷水烧至虾目水，倒入汤窝中，这时汤窝中不断涌起一个一个的水泡，待到不见水泡时，就把水倒净，再另烧温水倒入汤窝中，撒上芫荽即成。这里要注意的是，当把虾目水倒入汤窝时，一般不要用手勺去搅动汤窝中的蚶，因一动到蚶，蚶便会把蚶壳闭得更紧，以至不能灼熟蚶壳中的蚶肉。

“白灼蚶”的酱碟是把葱丝、姜丝、红辣椒丝放汉碟中，调放老抽、味精，再倒入烧开的花生油即成。也有用橘油或浙醋。

生炊麒麟鱼

“生炊麒麟鱼”是传统潮州菜中一道海鲜类菜肴，因其成形之后，雪白的鱼肉、黑色的香菇、火红的火腿相夹而成，形似传说中的麒麟片，因而称为“麒麟鱼”。这个菜传统上多采用鲈鱼，近年也有采用较高档的石斑或金鲳等鱼类。

该菜的制法是，取鲈鱼一条，宰杀后起肉去皮，鱼头从中间开成

生炊麒麟鱼　制作者：潮州菜高级技师王帮强

两片，鱼肉用斜刀切厚片；把白肉、火腿、香菇切薄片后，和鱼肉一起用绍酒、精盐、味精、胡椒粉、蛋白一起腌制10分钟，然后把鱼肉片、火腿片、白肉片、香菇片相间以鱼鳞式摆两行，前后放上鱼头和鱼尾，放蒸笼中旺火蒸10分钟取出，倒出原汁勾薄糊淋上，再用焯熟的青菜心围边点缀。

油泡螺球

潮州沿海出产的水产品角螺2500克，打破去壳，取出螺肉，把黑衣、内脏、螺厣、肠尾去掉洗净，将螺肉斜刀切片，放花刀，漂清水后沥干，用湿淀粉上浆；把蒜头一两切成末，炸成金黄色，和上汤、鲽（铁）脯末、味精、鱼露、胡椒粉、麻油、粉水调成对碗糊。把螺片投入五六成熟的油鼎中过油，倒入漏勺沥尽油后，再把螺球、对碗糊一起下鼎，烹入绍酒，翻炒几下起鼎装盘，盘边用真珠花菜叶或芥蓝菜叶炸酥围边即成。

“油泡螺球”能鲜明地突出油泡的特点，螺肉鲜爽脆嫩，带着蒜茸的浓香，色泽金黄。

油泡螺球　制作者：潮安县庵埠声乐大酒店

炒麦穗花鱿

“炒麦穗花鱿”这个菜是较为大众化的一个潮州菜海鲜菜肴，其色泽鲜艳，鲜鱿经过细致刀工后，形似小麦的麦穗，口感爽脆鲜美，所以历来受到潮州人的喜爱，既是家庭常见菜，也是潮州菜筵席上的一道佳肴。

炒麦穗花鱿

烹制这个菜关键是鲜鱿鱼的剞刀。先把鲜鱿洗净，用竖刀从头部右上方起斜着约15度向下至尾部刻斜纹，入刀约鱿鱼肉的五分之三，然后再把鲜鱿调转180度，由尾部左上方斜刀向下刻斜纹，再每距3厘米切出三角形小块；把香菇、青椒切块，笋肉刻花后，切成2毫米厚片。把剞刀后的鲜鱿下五成熟的油锅中走油，再把炒鼎放回炉上，下葱段、笋花、香菇、红辣椒块、青椒块略炒，下鲜鱿，烹入上汤、味精、鱼露、胡椒粉、麻油、湿淀粉调成芡汁勾糊，最后加包尾油炒匀装盘。

清炖鳗

潮州地区江河湖泊众多，乌耳鳗是潮州地区出产的淡水鱼类。“清炖鳗”是烹制乌耳鳗的潮州菜传统汤菜，也是潮州人经常食用的家庭菜肴。长期以来，以其原汁原味、汤清味鲜、肉嫩软滑而深受人们欢迎，只不过近年来

清炖乌耳鳗　制作者：潮州菜高级技师邱少波

野生乌耳鳗较少，以养殖鳗代之，味道上逊色不少。

该菜的制法是，取500克左右的乌耳鳗一条，抽去肠肚后，放入60℃温水中略为浸烫，用清水洗去黏液，然后在鳗鱼背部方向下刀，将鳗鱼切成约2.5厘米的小段，但不要切断，腹部皮肉处还相连。将酸咸菜75克斜刀切大片，排骨150克斩块焯水，装在炖盅中，鳗鱼整条盘成一圈，放在酸咸菜和排骨上面，加入香菇，一两片完整的酸咸菜叶盖在鳗鱼上面，放葱段两条、姜片一大片，调入绍酒、精盐，注入上汤。放进蒸笼用旺火炖30～40分钟取出，去掉姜葱、面上的酸咸菜叶，调入味精、胡椒粉即成。上桌时同时上红豉油两小碟。

鱼饭

“鱼饭”可以说是在潮州地区最为大众化的海鲜菜肴，当然在潮州菜酒楼也不时可见到以“鱼饭”作为海鲜冷盘上桌。

“鱼饭”是潮州菜中最富有潮州风味的海鲜菜肴。外地食客不知“鱼饭”为何物，往往以为“鱼饭”就是鱼加上白米饭，令人啼笑皆非。

潮州鱼饭

在潮州地区，“鱼饭”往往是渔民捕到鱼之后，自己制作成“鱼饭”，再运到城里出售，城里人买到“鱼饭”，即可直接食用。

渔民制作“鱼饭”的方法是，把捕到的鱼（主要是巴浪和吊颈）按鱼头向外、鱼尾向内的一定方向，整齐地排放一层在专用竹篮上，再在鱼面上均匀地撒上一层盐，然后和第一层鱼交叉着放上第二层鱼，再撒盐，如是这样一层一层地把鱼摆上，再将整个鱼篮放入煮沸

鱼饭

的鱼汤中，把鱼煮熟，把竹篮取出后，等鱼晾冻后即成。

制作“鱼饭”要注意盐的比例以及对火候的掌握，一般盐和鱼的比例是15：100；而火候则是小鱼要用大火，时间短，大鱼要用中火煮至鱼身内外熟透，时间要略长一点。

鱼饭上桌要跟酱碟，一般酱碟是豆酱。

鱼饭最突出的特点，便是能突出鱼本身的鲜甜味，故很受潮州人的欢迎。

炒鸽松

“炒鸽松”是传统潮州菜中不论制法或食法都较有特色的一道菜肴。制法是把两只乳鸽闷死后褪毛开膛，洗净后切出头尾，起肉后和瘦猪肉75克，用刀剁成肉松，再把火腿10克、香菇10克、马蹄150克、韭黄25克切成细末；把鸽肉松拌少许生粉水，下温油锅炸后捞起沥干，再下鼎略炒后放下马蹄、韭黄、香菇末、火腿同炒，调味后装盘。另把鸽头鸽尾炸熟后，摆成原形上席。

炒鸽松

该菜上桌的时候，要把薄饼皮、生菜叶修成圆形碗仔大小放在两小盘上，和浙醋两小碟同时上桌。客人进食的时候，要用薄饼皮或生菜叶包鸽松来吃，味道特别适口，口感松香爽脆。

冻金钟鸡

“冻”是潮州菜中常用到的一种烹调方法，虽然在传统潮州菜中使用这种烹调方法的菜肴不多，但都别具特色，“冻金钟鸡”便是其中有代表性的一款。

该菜的制法是，取约1000克的嫩母鸡宰杀后洗净，用精盐把鸡内外抹透，鸡腹放置姜、葱，上蒸笼蒸约12分钟后取出起肉，切12块连皮的鸡肉，其余切幼丁；用12个潮州工夫茶小茶杯洗净抹干，抹上薄油，将鸡肉、小块火腿片、蒸熟蛋白片、芫荽叶整齐放入杯中，然后放下鸡丁粒，最后放一颗熟青豆在杯面中间；把10克琼脂先用清水浸2小时后，和20克鱼胶粉、上汤、味精、精盐放入炖盅，上蒸笼用旺火蒸15分钟后，倒入盆内冷却，约八成冷时，分别倒入杯内与杯面平，待冷却凝固后放入冰箱。食用时轻轻从杯中倒出，排列在盘中即成。

“冻金钟鸡”清凉爽滑、晶莹透明，是夏季适时的席上佳肴。该菜外形似钟，中间一粒青豆依稀可见，如钟的钟锤，故名“冻金钟鸡”。制作此菜的琼脂，潮州人又称为“东洋菜”，琼脂和上汤一起蒸后，须待八成冷时才能倒入杯内，这是因为八成冷时琼脂已略凝固，倒入时才

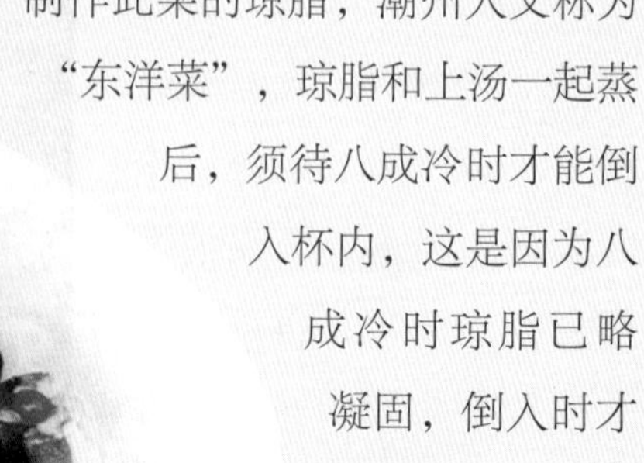

冻金钟鸡，该菜为20世纪80年代潮州市潮州菜厨师制作

不会把摆在杯四周各种点缀的原料冲乱。

酿百花鸡

在潮州菜中，虾胶有人称为“百花馅”，这个菜是用虾胶酿鸡肉，因此叫“酿百花鸡”；但也有人解释为这个菜造型美观，类似花圃，故名“百花鸡”，而“江南百花鸡”则是这个菜的另一种叫法。

酿百花鸡

该菜的制法是，把约1000克的嫩鸡宰杀后，用刀斩去鸡翅、脚，拆出整只的鸡肉，把近皮部分的肉连皮片出，放十字花刀，用精盐、味精略腌，然后鸡皮向下铺在盘中；把鲜虾肉250克拍成虾胶，加少许马蹄幼丁及鸡胸肉剁成的鸡茸，调入味精、精盐、鸡蛋清一只，用筷子顺同一方向用力搅拌至起胶，再把50克白肉切幼丁后掺入，拌匀后酿在鸡肉上面，抹平，把芹菜末、火腿末整齐地分放两边。用旺火蒸约10分钟，取出后切成长一寸、宽半寸的长方形小块，摆进盘中，把上汤下鼎调入味精、精盐、胡椒粉并勾糊，加入白猪油拌匀，淋在鸡肉块上即成。

烟熏鸡

“烟熏”是潮州菜中一种比较特殊的烹调方法，在潮州菜各大酒楼中使用这种烹调方法烹制菜肴还是比较少的，然而“烟熏鸡”却是潮州菜一代名师朱彪初的拿手菜。

烟熏鸡

该菜的制法是，取嫩母鸡一只，宰杀干净，用精盐、绍酒把鸡身内外涂遍，放姜片、葱条入蒸笼蒸15分钟至熟。炒鼎中放卫生香、乌龙茶、白糖、白饭、桂皮、八角、川椒、芫荽头，用两对筷子在鼎中摆成井字型，鸡放上面，用瓦盆盖好，炒鼎放木炭炉上，先大火后小火，慢慢熏至鸡身深红色，取出候冷，将鸡起肉，鸡骨斩件垫底。另用一碗，调入猪油75克、味精、精盐搅拌均匀，再放入鸡肉拌匀，将鸡肉片逐件放在鸡骨上，摆回原形。上桌时同时上川椒油两小碟。

熏制这个菜时要注意所用卫生香必是不含香料及杀虫剂的，另外川椒、八角等所有五香料物不能多，各约5克即成，白饭约50克，乌龙茶10克，白糖25克。

糯米酥鸡

“糯米酥鸡”在烹制程序上，首先要整鸡脱骨。不开腹的整鸡脱骨，潮州人又称为“荷包鸡”或“软泥鸡”。拆荷包鸡要采用内脱骨的方法，在脱骨过程中要注意刀口不能超过两翼的连线。

该菜的制法是，把鸡肉、鸡肫、湿香菇切成丁，和熟莲子、

糯米酥鸡

火腿幼丁、虾米一起下鼎炒熟，再将150克糯米饭倒入一起翻炒，调入精盐、味精、胡椒粉。将炒好的糯米饭装入拆好的荷包鸡腹内，扎紧切口，放入蒸笼中蒸约20分钟后取出。在蒸熟的鸡身上抹上老抽和湿粉水，下油鼎炸至鸡金黄色捞起，把鸡身横直刀切成块状，装进盘中，摆上鸡头，淋上胡椒油即成。上桌时同时上甜酱两小碟。

拆荷包鸡最关键的一个问题就是宰鸡烫水时水温不能过高，如果鸡皮烫得过熟则失去弹性，脱的过程中刀口容易拉裂；其次糯米饭装入鸡腹时，只能装约六成满，如装得太多，鸡在蒸的过程中，糯米饭会涨大，把荷包鸡撑破。

豆酱焗鸡

在传统潮州菜中，“豆酱焗鸡”可说是一道名菜，它选料严格，要求选用肥嫩家鸡一只，在调料方面则要求采用潮州地区著名的调味品普宁豆酱。其色泽金黄、鸡肉嫩滑，有香醇的豆酱香味，吃后令人回味无穷。

豆酱焗鸡　制作者：潮州菜名厨师许永强

该菜的制法是，将鸡宰杀洗净后，用刀背砍断鸡的脚骨待用；把50克普宁豆酱捞出渣用刀背压烂后，再和酱汁、味精、绍酒搅拌均匀，抹鸡身内外，并把姜、葱、芫荽头放进鸡中；取一砂煲，垫上竹篾，铺上白猪肉（用刀刺几个洞），再把鸡放白肉上，用50克上汤从煲边慢慢淋下，盖上盖，用湿棉纸封住盖边；把砂煲放木炭炉上，先用旺火把汤烧开，再慢火焗20分钟。把鸡取出，拆肉，把骨垫盘底，鸡肉斩件放鸡骨上，摆成原形，原汤勾薄糊淋上，用芫荽叶围边即成。

制作这个菜，火候的掌握十分重要，一定要先用旺火，使炽热的蒸汽迅速充满煲内，再改用文火慢慢将鸡焗熟入味。

白菜串鸡

“白菜串鸡”的制法和“糯米酥鸡”一样，都是要取鸡项一只，整鸡去骨，拆成荷包鸡。至于菜名采用“串”字，则是因为该菜以白菜为原料，装入整个鸡腹之中。制法是取白菜嫩叶约半斤，泡发好干草菇一两，下油鼎略炸后，和火腿末、味精、精盐拌匀装进荷包鸡鸡腹内，用鸡颈皮扎紧刀口，鸡皮抹上蛋清，下油鼎炸至金黄色，放进垫有竹篾的砂锅内，加入上汤、味精、精盐，并把焯过水的五花肉、鸡骨斩块后盖在鸡身上。用旺火烧沸后，改用中小火炖至鸡烂，取出鸡装在盘中，原汁加入味精、香油，勾薄糊淋在鸡身上即成。

制作“白菜串鸡”的原料

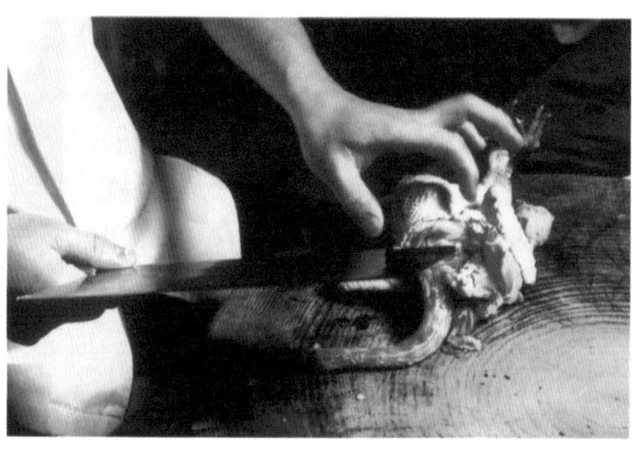

制作“白菜串鸡”首先要整鸡去骨，拆成荷包鸡

白菜串鸡

柠檬炖鸭

“柠檬炖鸭”是传统潮州菜中的一道代表汤菜，汤清味美，柠檬香气扑鼻，特别开胃，是潮州地区夏季应时汤菜。

该菜的制作方法是，选一只约750克重的光鸭，从背部开刀，洗净，和排骨三两一起焯水，过冷水，鸭背部向下排放在大汤窝中，排骨放在鸭旁，加上少量火腿皮、精盐，注上八成满的上汤，放入蒸笼中炖约半小时至鸭熟，取出，拣去排骨、火腿皮不用。把鸭去掉四柱骨，鸭胸身上摆放两只湿厚菇，放入适量咸柠檬皮（注意，咸柠檬只能取其皮，肉核均要去掉，否则汤水变苦），再放入蒸笼中炖约10分钟取出，加入少量白醋（约15克）、味精，然后把火腿片、葱白、笋花摆放鸭胸上即成。

柠檬炖鸭

糊淋鸭　制作者：潮州市潮州菜一级厨师陈茂渠

糊淋鸭

“糊淋鸭”在传统潮州菜中也有人称为“炸云南鸭”，这是因为勾芡在潮州菜中称为“勾糊”，而这个菜最后要淋上薄糊，因此叫“糊淋鸭”，而“糊淋”两字在潮州方言中，与“云南”两字读音相近，久而久之，竟叫成“云南鸭”。

该菜的制法是，取重约750克的光鸭宰杀洗净晾干，鸭皮上均匀地涂上红豉油、湿淀粉，下油鼎炸至金黄色，取出放锅底垫竹篾的锅中，加入红豉油15克，甘草1克，桂皮2克，绍酒、姜、葱、精盐和二汤各适量，大火烧开后小火炖一小时左右。将鸭拆骨，鸭肉两面涂上湿淀粉，下油鼎炸至两面酥脆，取起切成长一寸、宽半寸的长方形块装盘，将葱椒下鼎炒香，加入炖鸭原汁，调味勾糊，加包尾油，淋在鸭肉上即成。上桌时同时上芥辣或浙醋。

出水芙蓉鸭

出水芙蓉鸭

把约750克的光鸭一只和排骨250克（斩块），焯水洗净后放入汤窝，加火腿皮、精盐、上汤，上蒸笼蒸至鸭能拆骨为止，取出把鸭拆骨，鸭肉切成小丁，沥干水分；虾肉250克拍成虾胶，调入25克蛋清、精盐、味精，按同一方向搅至起泡，放入鸭肉丁、肥肉丁40克，再放蛋清25克，搅拌均匀；取圆盘一个，抹上一层薄猪油，把肉料分成24份，捏成圆形放在盘上，上面一边放芹菜茸，一边放火腿茸，上蒸笼蒸约7分钟；蛋清100克用打蛋器打成蛋泡，在蛋泡上面用芹菜茎、芹菜叶、火腿片，摆成一朵芙蓉花的形状，在虾胶鸭肉将熟时，打开蒸笼盖，将蛋泡花轻轻倒在虾胶鸭肉面上，再蒸半分钟取出，移落大汤窝中；将原鸭汤再加上汤倒入鼎中，调味，去净浮沫，由汤窝边慢慢注入即成。

香酥芙蓉鸭

要烹制“香酥芙蓉鸭”，首先要调好八味酱。八味酱的制法是，把芝麻酱25克、茄汁25克、芥辣酱25克、梅膏酱25克、精盐1克、味精1克、胡椒粉5克、麻油25克这8种调味品放碗中调匀，放冰箱待用。将重约750克的光鸭开背，用7克红豉油和15克生粉涂在鸭皮上，

香酥芙蓉鸭

下油锅炸至深红色。大锅底放竹篾，放入炸好的鸭，排骨250克、二汤1500克、精盐、红豉油、姜、葱、甘草、桂皮、八角、芫荽头等，先用旺火烧开，后改中、小火，烧至鸭能拆骨为止，取出把鸭拆骨。用碗盛面粉75克、鸡蛋7只，加入适量清水开成蛋面浆，调入精盐、味精及切成幼丁的少量韭黄、冬菇、马蹄、白肉、火腿末，搅拌均匀。鸭肉面上用干净白布吸干水分后，把蛋面浆均匀酿在鸭肉面上，下五成热的油鼎炸至面浆呈金黄色，放在砧板上，切成12件，每件长约5厘米、宽3厘米，整齐地摆在盘中，每件淋上八味酱；然后用深盘盛三只鸡蛋清，按同一方向用打蛋器打成蛋泡，倒落砧板上用刀轻轻抹平，切成12件长约4厘米、宽约2.5厘米、高约1厘米的长方体，上面放一片芫荽叶、一小片火腿，轻轻铲落八味酱上面即成。

制作“香酥芙蓉鸭”的原料

“香酥芙蓉鸭”制作程序较为复杂，但其色泽丰富、造型美观、甘香可口，据说在一些潮州菜酒楼中，这个菜很受外国客人的喜爱。

北菇鹅掌

选用新鲜鹅掌12只，洗净用蟹目水煮约半小时，捞起晾干，用手脱去骨后每只斩成三块，再焯水漂凉沥干，然后下四五成热的油锅略炸。把50克湿香菇及笋花一起下鼎炒香，放入鹅掌、上汤250克，烧沸后用中火焗15分钟，调入味精、香油、

北菇鹅掌　制作者：潮州菜荣誉大师苏培明

花菇扣鹅掌 制作者：潮州菜高级技师刘宗桂

胡椒粉，勾糊，放入熟火腿片，把鹅掌摆放整齐装盘。

因为鹅掌富有胶质，因此胶滑醇香、美味可口是“北菇鹅掌”的特点。

制作“北菇鹅掌”的原料

干炸果肉

“干炸果肉”是传统潮州菜中以猪肉为主料的一道较大众化的菜肴，除在潮州菜筵席中可见到外，在潮州肉菜市场还经常有肉菜摊制作后卖给群众。

该菜的制法是，把猪前胸肉400克、马蹄200克、生葱25克分别切成细丝，依次调入鸡蛋一只、糖、精盐、五香粉、麻油、少许绍酒及25克生粉，搅拌均匀。把猪膀网铺在砧板上，拍上少许干淀粉，把拌好的肉料放上，卷成圆条形，用刀切成寸段，两头拍上干淀粉，下五六成热

干炸果肉

干炸果肉 制作者：潮州菜高级技师卢银华

的油锅中炸熟，捞起，再复炸一下即成。上桌时同时上梅膏酱。

现在市面上出售的“果肉”，往往是裹上蛋面浆来炸，这已不是传统“果肉”的制法了。

肉冻

肉冻

“肉冻”在潮州菜中又称为“猪肉冻”。在潮州地区，“肉冻”和“鱼饭”一样，都是一道潮州风味极浓而又极其大众化的菜肴。可以说，“肉冻”是潮州民众餐桌上最为常见的日常居家菜肴之一。

该菜的制作方法独特。选取五花猪肉500克、猪脚700克、猪皮200克，刮毛洗净切成块，放开水锅中焯水。大锅底垫上竹篾，放清水1500克烧开，放入猪皮、猪脚煮约20分钟，再加入五花猪肉慢火煮两小时左右至猪肉皮烂透，加入鱼露150克、冰糖125克共煮10分钟，将五花猪肉、猪脚、猪皮捞起，再把这些猪肉、猪脚、脚皮按顺序排列在锅中。

猪脚冻

原汤加入明矾1克、适量味精，捞去浮沫，用多层纱布过滤，倒入装有肉料的大锅中，放炉火上烧至微沸，移开离火待冷，放冰箱中冷藏至凝结即成。上桌时切块放盘中，以芫荽叶点缀，酱碟为鱼露。

明炉烧乳猪

粤菜中的“烤”，在潮州菜中称为“烧”，故“明炉烧乳猪”也即是“明炉烤乳猪”。这个菜也是潮州菜传统名菜，早在20世纪二三十年代，潮州的“烧乳猪”已经很有名气了。

该菜的制法是，取10多斤重的乳猪一只宰杀去毛，开腹取出内脏，用凉水浸约半个小时，捞起抹干后，把乳猪的颈骨拆去，用铁叉刺在猪腹至头部，用红豉油、麦芽糖加水搅匀涂在猪皮外面，猪腹内抹上绍酒、精盐。手握铁叉把乳猪架在长方形的木炭炉上烧烤，先烧猪腹部，并不断转动铁叉，如猪皮出现水泡，则用竹签刺破，使油流出，并不断用刷子往猪皮上刷冷水，以防烧焦，直至乳猪猪皮全部烧至金黄色，刷上猪油即成。上桌的时候，用刀把皮起出，切成长方形的小块，肉也切成小块装盘，皮放在肉上面，并上甜酱两小碟。

明炉烧乳猪　制作者：广州市金成潮州酒楼、金成潮菜博物馆

寸金白菜

“寸金白菜”有人称为“炆白菜鸡包”，其造型美观，如果造型略大一点，便叫“玉枕白菜”。制法是用大白菜的嫩叶12瓣，用沸水略焯水、过冷水，捞起晾干水分；把鸡肉、肫肉、肥肉（少量）、虾肉、湿冬菇切成幼丁，加火腿末，调入精盐、味精、蛋白、胡椒粉搅拌至起胶，分成12份。把白菜瓣铺在砧板上，包上肉馅，做成约5厘

寸金白菜

米的长方形小包，再把菜包放猪油鼎中文火煎至浅金黄色，加上汤、精盐、味精、冬菇炆至汤汁将收，勾糊，加包尾油，把菜包放在盘中间，冬菇围边。

“寸金白菜”因是用嫩白菜叶包肉馅，故吃起来菜皮嫩滑、肉馅浓香，是潮州菜筵席常见菜肴。

冬瓜盅

“冬瓜盅”是传统潮州菜中一款可食性的食品雕刻。冬瓜外皮刻上各种花纹图案，形态生动逼真，而装在瓜盅内的汤菜香醇味美、肉料鲜滑爽脆，是潮州菜中一款形式和内容结合得较完美的艺术菜肴。

该菜的制法是，取冬瓜一个切成瓜盅，盅口四周用中号圆口刀雕成波浪形，挖去瓜瓤，在瓜皮上用雕刻刀刻上各种花鸟虫鱼等图案，放入开水锅中浸煮10分钟，捞起过冷水，以保持瓜皮的青翠；取鸡壳一副切成4块，焯水后放入瓜盅中，加入二汤、精盐，上蒸笼蒸一个半小时，取出倒去瓜盅中的鸡壳和汤水；另将鸡胸肉、鸡肫、虾肉、火腿、香菇切丁，莲子切半，鲜鱿切

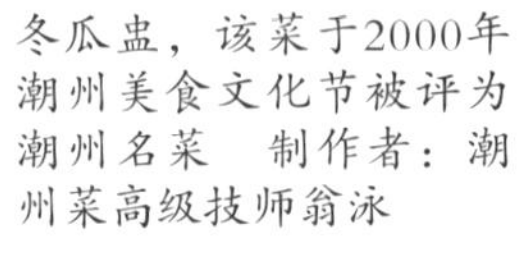
冬瓜盅，该菜于2000年潮州美食文化节被评为潮州名菜　制作者：潮州菜高级技师翁泳

块，加上蟹肉，放入锅中煮成清汤，调味，装入瓜盅内即成。

以上介绍的是传统潮州菜“冬瓜盅”的制法，现在有些潮州菜酒楼认为冬瓜盅放入蒸笼中蒸一个半钟头，影响瓜皮图案的青翠色泽，而改用瓜盅中加上汤鸡壳，用热得快通电放其中（电线接头用筷子架高），使上汤在盅中煮一个多钟头至瓜肉软烂入味，而外皮仍保持青翠，这是一个很好的办法。

“冬瓜盅”也称“杂锦冬瓜盅”或“八宝冬瓜盅”，可见人们对这个菜的看重和喜爱。

清炖菜头丸

“菜头”是潮州话叫法，即白萝卜。“清炖菜头丸”是潮州菜中一款汤菜，菜头丸色泽洁白，汤水清爽鲜甜。

该菜的做法是，选取优质鲜嫩白萝卜数个，用雕刻刀削成直径约2厘米的圆球状，再用小号圆口刀垂直掏空萝卜球中间，装进猪肉茸馅（或虾胶馅），放入白猪油鼎中略走油，再放大炖盅中，加上汤炖半小时，调入味精、胡椒粉即成。

清炖菜头丸

护国菜

“护国菜”是一道历史悠久的传统潮州菜，伴随这道菜的还有一段生动的历史故事。这道菜虽然主料是用不起眼的番薯叶，但经过历

太极护国菜　制作者：潮州菜高级技师刘宗桂

代厨师的不断改进，已经成为今天誉满中外的潮州名菜。

“护国菜”的传统制法是，选取番薯嫩叶500克，仔细择去叶梗洗净，鼎中放入沸水2500克，加纯碱10克，放入番薯叶焯水半分钟，捞起后用凉水反复漂清碱味，挤干水分后切成泥；浸发草菇100克，加上汤、鸡油、瘦肉，入蒸笼醉半小时后取出；用中火烧热鼎，放入100克猪油，把番薯叶炒香，加入上汤750克、草菇、味精、精盐，煮约5分钟，用湿粉水勾芡，加入鸡油搅匀，装入汤窝，撒上火腿末即成。

绣球白菜

在传统潮州菜中，“绣球白菜”和“寸金白菜”可说是姐妹菜肴，它们在制作原理上有异曲同工之妙，只是在具体制作方法上有所不同。

“绣球白菜”同样要取大白菜一棵，洗净后略焯水，过冷水晾

绣球白菜

干；把鸡肉200克、鸡肫100克、香菇少许、熟火腿15克切成幼丁，放热油鼎中翻炒，调味，勾糊后作馅，用碗盛起。把白菜放在砧板上整株逐瓣剥开，将中间菜心切掉，再将剩下白菜切瓣插入其间隙处，装上已炒好的鸡肉馅，然后将各瓣菜叶围拢包密，用焯水变软的芹菜茎扎紧，抹上湿粉水，下六成热的油锅炸透后，捞起，放进垫有竹篾的锅里，加入上汤、猪赤肉、香菇、烧开后用小火炖一小时左右，取出白菜球，装盘，原汤调味勾糊淋上即成。

该菜造型美观，形似中国民间传说中的绣球，口感嫩香软滑。

玻璃白菜

潮州菜擅长烹制素菜，其特点是“素菜荤做，见菜不见肉”，“玻璃白菜”便是众多潮州菜素菜中的一款佼佼者。之所以称为“玻璃”，是因为该菜主要原料取自白菜的长茎段，白色透明，状如玻璃。

该菜的制法是，取白菜1500克，取茎部切成二寸长的茎，放猪油鼎中略炸捞起，放进锅中加入上汤、味精、草菇，盖上五花肉，用旺火烧开后改慢火炆约半小时，取出整齐排在碗中，上蒸笼蒸热。上菜

制作“玻璃白菜”的原料

“玻璃白菜”制作者：潮安县庵埠声乐大酒店

时倒扣盘中，撒上火腿末，用原汁勾薄糊淋上即成。“玻璃白菜”的特点是色泽透亮、口味清香、软烂。

厚菇芥菜

把大芥菜去掉外围粗厚菜叶，将剩下的芥菜心用刀切成4块，鼎中烧沸开水，下少许纯碱，然后把芥菜心放下略滚，捞起用清水反复冲洗以去净碱味，再在菜茎两面撕去外膜。鼎中下猪油，下芥菜心约炸半分钟，倒在漏勺上，沥干油。锅底放上竹篾，把芥菜心放上面。把湿花菇下鼎用猪油炒香，调入味精，加上汤煮熟；肚肉、粗骨斩块，下鼎炒香后放在芥菜心上面，加入上汤、盐，烧开后用文火炖约40分钟，放上花菇再炖约10分钟。把芥菜心取出，整齐地码放盘中，四周围上花菇，芥菜上面撒上火腿末，原汤调好味后勾薄糊，加入少许鸡油，淋在芥菜上即成。

“厚菇芥菜”是潮州菜传统名菜，也是潮州菜素菜的代表菜，它采用潮州特产大芥菜（潮人称为大菜）为主料，突出其甘香浓郁味道。潮州人传统上在年三十晚喜爱吃“大菜羹”，可见其受欢迎的程度。

厚菇芥菜

八宝素菜

潮州素菜在传统潮州菜中颇具特色，“八宝素菜”便是其中很有代表性的一款。“八宝”是指烹制这道菜的8种原料。这道菜在传统潮州菜中历史悠久。

潮州菜名厨师许永强老师在潮州市迎宾馆烹制“八宝素菜”

该菜的制法是，取白菜胆500克洗净切段，香菇、干草菇、发菜涨发后洗净待用。把白菜、笋尖、腐枝、栗子、面筋放进五成热的油鼎中略炸捞起，逐样整齐分类地排放锅中（白菜垫底），倒入上汤调味，上面放半斤五花肉，在炉上先旺火、后中小火炆半小时。取出一

八宝素菜　制作者：潮州市迎宾馆

大碗，发菜放碗底，其余香菇、草菇、笋尖、腐枝、面筋、栗子按色泽深浅相间排在碗壁四周，最后把白菜放在中间，上蒸笼蒸10分钟，上菜时倒扣在圆盘中，倒出原汁勾薄糊淋上即成。

“八宝素菜”色泽美观、味道嫩滑可口，确是潮州素菜中的珍品。烹制这个菜要注意两个要领：一是各种原料走油时，最好采用猪油；二是各种原料用优质上汤及五花肉炖时，要掌握好火候。

南瓜芋泥

甜菜在潮州菜中很有特色，它的特点是用糖量多，在潮州菜喜庆筵席中要头尾甜，即第一个菜和最后一个菜要上甜菜。“南瓜芋泥”在传统潮州菜中，可以说是资历最老的一个甜菜，在过去的潮州菜筵席中，最后一个甜菜往往就是“南瓜芋泥”。不过现在随着人民生活水平的提高和潮州菜的发展，“南瓜芋泥”再也没有过去那么甜，在“南瓜芋泥”的基础上，也创新出不少新的潮州菜甜菜。

“南瓜芋泥”的传统制法是，取约400克重的南瓜刨皮去籽，洗净后切三角块，用200克白糖腌约3小时，将腌瓜流出的糖水放进锅里煮滚，捞掉浮沫，再倒进南瓜块，用小火煮至糖水变稠，瓜块明亮。将煮好的南瓜块放在装有芋泥的汤窝上面，放进蒸笼蒸热后淋上糖油即成。

南瓜芋泥　制作者：潮州菜高级技师王雄辉

“南瓜芋泥”也有人称

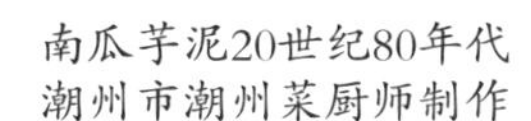
南瓜芋泥20世纪80年代
潮州市潮州菜厨师制作

为“金瓜芋泥”，因为南瓜在潮州也被称为金瓜。“南瓜芋泥”的传统制法也可用整个的小金瓜，造型更逼真生动。

糕烧白果

“糕烧白果”和“南瓜芋泥”均为传统潮州菜甜菜的代表菜，其制法和特点均体现出传统潮州菜甜菜的风格。

“糕烧白果”的制法是，取白果600克用开水泡过，拍裂外壳后把壳去掉，再用平刀法把白果批成两片，放入开水锅中泡去外膜，用凉水反复漂洗，直至白果膜去净为止。把去净外膜的白果放开水锅中

糕烧白果　制作者：潮州菜名厨师许永强

煮20分钟，捞起用清水漂洗，这样反复两次，以去其涩汁。把白猪肉50克下开水锅泡熟后，用100克白糖腌制，并将橘饼一块切成幼丁。取砂锅一个，垫一小块竹篾，放下白果、白糖300克、清水150克，用小火熬约半小时，加入白猪肉丁、橘饼丁、猪油25克、白糖200克，再熬10分钟即成。

这道甜菜的特点是软润甘香，还带有一股淡淡的柑橘芬芳。

四彩拼盘

"四彩拼盘"是传统潮州菜筵席的开路先锋，也即是潮州菜筵席的头道菜，多以红萝卜、南瓜等雕成龙、凤、花卉等食品雕刻，配以四样冷菜或油炸食品。"四彩拼盘"往往起到活跃筵席气氛、点明筵席主题的作用。如是老人的寿筵，"四彩拼盘"中的食雕往往是南瓜雕成的寿星，或用白萝卜雕成的"松鹤延年"。

四样冷菜或油炸食品可以是多种多样的，常见的有皮旦、炸凤尾虾、山枣糕、烤鳗、返砂腰果、桂花扎等。"四彩拼盘"常简称为"四拼盘"，如果是两样食品，则称为"双拼盘"，但拼盘中的食物不能是单数。

四彩拼盘　制作者：潮州菜荣誉大师苏培明

二 新派潮州菜名菜

美极大鲍翅

“美极大鲍翅”主料为三块优质大鲍翅，外观给人一种高档、超值的感受，为近年来星级潮州菜酒楼常见的鱼翅类高档菜肴。

该菜的制法是，取三块涨发好的优质大鲍翅（每块重约300克），加入高汤、火腿汤、姜、葱、绍酒，入蒸笼炖约5小时，拿出大鲍翅在大圆盘中央摆成圆形。炒鼎下原汤汁，调入美极酱油、味精，勾薄糊淋在大鲍翅上，再用焯熟的西兰花围边。

美极大鲍翅　制作者：潮州菜高级技师郑著扬

火腿翅

“火腿翅”是近年来新派潮州菜中的一款高档菜肴，是潮州菜厨师学习吸取香港酒楼制法，同时加以改进而创新出来的。它以浓郁的鱼翅火腿原味而倍受食客的青睐，在不少高档潮州菜酒楼和燕翅鲍专卖店均可见到这款高档新派潮州菜。

该菜的制法是，取佛跳墙锅一个，把处理好的横切成块的火腿一块放入锅底，然后把涨发好的鱼翅两块，翅根相接放在火腿上面，放入姜一片和葱一条（姜、葱用热水烫软，捆在一起），倒满优质上汤，调入适量味精。用耐热保鲜膜把整个佛跳墙锅包裹两三层，然后放入蒸笼中炊6个半钟头，去掉姜、葱即成。上桌时要配刀叉，并上芫荽、浙醋。

烹制“火腿翅”时不用放盐，这是因为火腿本身有咸味，经过处理后，用其来制作“火腿翅”，咸度恰到好处。

火腿翅　制作者：潮州菜高级技师刘润钊

海王汁鱼翅

传统潮州菜炖鱼翅，都是使用老鸡、排骨、猪脚、火腿骨等肉类，但“海王汁鱼翅”这一新派潮州菜却一改传统做法，不用肉类而采用潮州盛产的海鲜熬汤来炖鱼翅。鱼翅本为海味，利用海味鲜汤来炖自然是非常合适，且别有风味。

该菜的制法是，取鲜活桂花鱼或金龙鱼、沙尖鱼，放入不锈钢锅中，加水，烧开后慢火熬汤，1000克鲜鱼约熬出1000克鱼汤，时间约一小时，然后调味，用密勺过滤待用。取数个小砂煲，放几片嫩白菜心叶垫底，水发鱼翅每位75克盛

海王汁鱼翅　制作者：潮州市迎宾馆行政总厨马陈忠

放小盘中，在客人面前将水发鱼翅放在白菜叶上，倒入鱼汁汤，放在固体酒精炉上煮滚。上桌时同时上胡椒粉、芹菜末、浙醋。

鲍翅木瓜船

“鲍翅木瓜船”是新派潮州菜中又一款鱼翅类菜肴，它的特点是味道鲜美而造型独特。

该菜的制法是，取150克水发鱼翅，放入有姜葱酒的开水锅中捞肃，取出用清水漂凉。取大砂煲一个，竹篾垫底，把捞肃好的鱼翅整条放在竹篾上，再在鱼翅上垫一竹篾。把猪脚500克、排骨500克、老母鸡600克、猪皮150克、火腿骨100克剁成大块，放开水锅中焯水，过清水，捞起沥干，放在垫有竹篾的鱼翅上，倒入淡二汤2500克，调入绍酒、精盐，放入捆好的葱、芫荽头，盖上煲盖，烧开后用中小火炖4小时左右。取木瓜一个，平放切去顶部四分之一，余下四分之三挖去瓜瓤，在切口雕上花纹，刻成木船模 样，把炖好的鱼翅调好味道放入木瓜船中，再入蒸笼炖约10分钟至木瓜飘香即可。

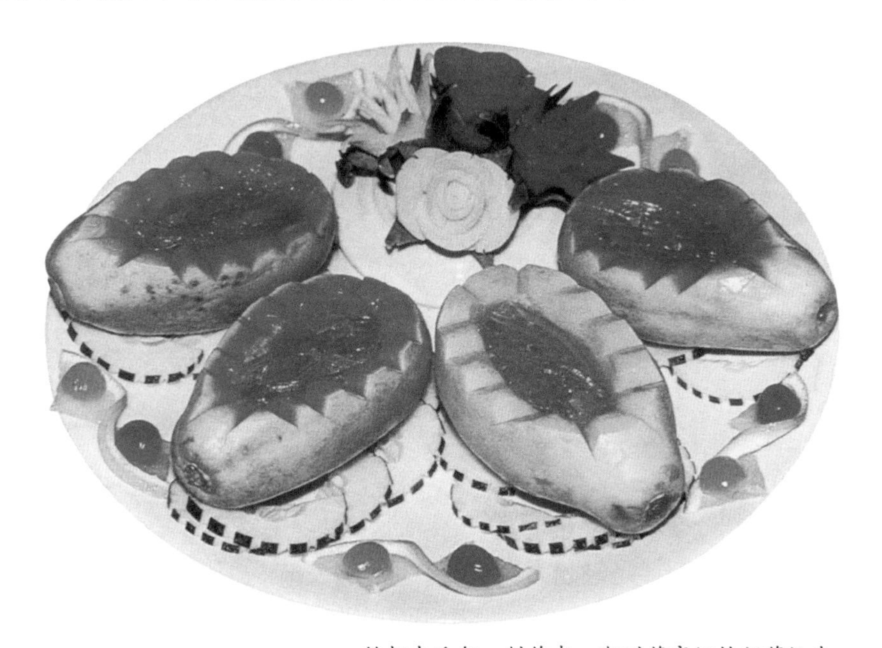

鲍翅木瓜船　制作者：潮州菜高级技师蔡炫城

八珍翅羹

传统潮州菜中有一道著名的素菜“八宝素菜”，由8种原料烹制而成，而“八珍翅羹”也同样是由8种原料烹制而成，这两款菜的8种原料都称为“宝”或“珍”，可见潮州人对这两道菜的重视。

“八宝素菜”为传统潮州菜中的素菜，而“八珍翅羹”则为新派潮州菜中的鱼翅类菜肴，它们各有特色，一素一荤，互为映衬，充分展示了潮州菜的丰富多彩和风格的多样化。

“八珍翅羹”的8种原料为水发鱼翅100克、笋丝50克、鸡丝50克、湿菇丝25克、金针菇50克、火腿丝25克、鲜鱿鱼丝50克、芹菜茎10克.制法是先将笋丝、鸡丝、湿菇丝、鲜鱿鱼丝分别走油，然后放入炒鼎中，加入优质翅汤400克、火腿丝、金针菇，调入适量精盐、味精、胡椒粉、老抽、蚝油，略炆后加入芹菜茎，勾薄芡装入盛器中。洗净炒鼎，放入水发鱼翅和翅汤100克，调味后勾糊淋在已烹制好的汤羹上面即成。

八珍翅羹　制作者：潮州菜名厨师张卫华

火腿高汤翅

打边炉同样是潮州人喜欢的一种饮食形式，但以鱼翅这样高档的原材料作为打边炉的原料，却很少见，新派潮州菜“火腿高汤翅”便

火腿高汤翅　制作者：潮州菜名厨师郑著忠

是其中一款。该菜的制法是，取涨发好优质金钩翅400克，按照传统潮州菜“红炖鱼翅”的制法炖好，把炖好鱼翅整齐排放盘中，上面排放几片火腿片。在边炉锅倒入原炖鱼翅汤，再加入同等量的优质高汤，和点燃的炉头、鱼翅一起上桌。上桌时同时上浙醋、芫荽各两小碟。

满园鲍菊

“满园鲍菊”是潮州市潮州菜高级技师方树光师傅于1997年创新出来的新派潮州菜，因其味道鲜美，口感爽脆，造型美观新颖，于1997年底入选《世界名厨》一书。

该菜的制法是，取新鲜鱿鱼12条（每条约150克，不能太大），切去头尾留下中段长约6厘米的圆筒形，在其一端3.5厘米位置切成菊花形，下开水锅焯水后漂凉待用；取炖好的鲍鱼约250克，切厚片后加工成和鲜鱿筒直径一样大小的圆片16片，放置盘中；调制好的虾胶100克酿在鲜鱿筒另一端未切菊花状的2.5厘米长的圆筒中，每个鲜鱿筒底部放在一块鲍鱼片上，余下4块鲍鱼片作点缀摆盘用，并用少许蟹黄点缀在虾胶面上，上蒸笼猛火蒸约5分钟，用原汁勾薄糊淋上即成。

湖州菜高级技师方树光师傅（前左）正在认真辅导年轻厨师

“满园鲍菊”制作者：潮州菜高级技师方树光

新潮焗鲍

“新潮焗鲍”是潮州菜厨师在潮州菜传统焗鲍鱼的基础上，为适应当前人们饮食口味的需要而创制出来的一款新派潮州菜。

新潮焗鲍　制作者：潮州菜高级技师刘润钊

该菜的制法是，取鲜活鲍鱼去壳，去内脏，刷洗干净，放入调有姜葱酒的开水锅中略微焯水，捞起待用。把姜两小块、葱十多条、红辣椒一只、八角两粒放油锅中炒至金黄色，装入大砂锅中，倒入上汤，调入甘草两条、芫荽头一把、蚝油、鸡精、鸡油、老抽、绍酒、麻油、味精，并放入斩成4块、经焯水的老鸡一只，烧开后放下鲍鱼，盖上砂煲盖慢火焗150分钟，把鲍鱼取出，原汤用密勺过滤。取鲜红番茄两个，烫热水后去皮去籽切片垫在另一砂煲底，焗好鲍鱼片（或整粒）放在番茄上，用茄汁、上汤、白醋、白糖、精盐勾薄糊淋在鲍鱼上，放明炉上煮热即可上桌。

麒麟鲍片

麒麟鲍片　制作者：潮州菜名厨师章文钊

“麒麟鲍片”是借鉴传统潮州菜“生炊麒麟鱼”而创新出来的新派潮州菜，但比之更加高档，在色、香、味、形上都更上一个档次。

该菜的做法是，取鲜活鲍鱼（澳洲鲍或大连鲍），用潮州菜传统焗鲍鱼的方法把鲍鱼

焗好，切片。把笋雕成笋花片，火腿蒸熟切片，香菇醉好。在盘中把鲍鱼片、火腿片、笋花、香菇相隔摆好，上蒸笼蒸几分钟，原汁勾糊淋上。

香橙焗鲍鱼

以新鲜水果入馔是当今新派潮州菜发展的一个趋势。水果色泽鲜艳、口味芬芳清爽、营养丰富，以新鲜水果为原料来烹制以“味尚清鲜”为特色的潮州菜，清鲜加清鲜，另有一番风味。

“香橙焗鲍鱼”是众多以水果为原料的潮州菜中的佼佼者。档位高而又味浓郁的焗鲍中融入芬芳的橙香味，且造型别具韵味，是这款新派潮州菜的特点。

香橙焗鲍鱼　制作者：潮州菜高级技师徐潮由

该菜的制法是，选用优质大连鲍，按传统潮州菜的烹调方法用上汤焗，在快熟的时候加入香橙肉和香橙汁。香橙切去顶部五分之一的部分，挖出橙肉，橙身用开水略烫，以去涩味。每个香橙装入一个鲍鱼，加少许原汁，盖上橙盖。

秘制鲍汁鸵掌

新派潮州菜一个突出特点，便是运用传统的潮州菜烹调方法，去烹制一些近年出现的烹调原料，而这类新派潮州菜，也给潮州菜带来一股不同凡响的新风味。新派潮州菜“秘制鲍汁鸵掌”，便是这类新派潮州菜中较有代表性的一款。

快活海鲜苑刘世彬总经理（右），十分重视新派潮州菜制作质量，图为刘总经理亲自下厨房，和厨师们一起探讨“秘制鲍汁鸵掌”的烹制方法

鸵鸟是恐龙时代体形最大的鸟，性情温顺，姿态优雅，富有“绅士风度”。鸵鸟肉营养丰富，被视为现代人类最佳的保健食品，我国营养学界还将鸵鸟肉誉为“肉中精品”。从20世纪后期，我国便出现了不少专门的鸵鸟养殖场，不少菜也将鸵鸟肉作为烹调原料，而潮州菜采用鸵鸟肉制作新派潮州菜，则开始于20世纪90年代，从那时候起，以鸵鸟肉为原料的新派潮州菜也开始在潮州菜中占有一席之地。

该菜的制法是，先将新鲜鸵鸟掌用开水捞过洗净，放进盆中加上猪肉皮、猪腰龙骨、上汤，上蒸笼炖两小时左右，至鸵鸟掌熟透身，取出拆去掌骨。再放入炒鼎中，加入上汤、鲍汁、老抽、味精、精盐，大火烧开后，中小火焗半小时左右，取出鸵鸟掌放盘中，原汁勾糊淋上。

秘制鲍汁鸵掌　制作者：快活海鲜苑

“秘制鲍汁鸵掌”浓香入味，郁而不腻，富有胶质，难怪该菜推出后被一些美食家誉为“赛熊掌”。

红炖鲨鱼皮

“红炖鲨鱼皮”这款新派潮州菜，其烹调方法及口感、味道都很接近“红炖鱼翅”，但价格却便宜得多，因此很多潮州菜酒楼都有烹制这款菜。

该菜的制法是，取干鲨鱼皮200克，放入开水锅中烧开后，端离火位，浸至开水转凉，捞出鲨鱼皮用活凉水漂洗2~3小时，再重复放入水锅烧开，

红炖鲨鱼皮　制作者：潮州菜名厨师王汉初

按同样方法操作4次，约两天时间，然后捞出鲨鱼皮切成丝。取一砂煲，底部垫竹篾放入鲨鱼皮，倒入优质上汤1000克，调入适量老抽、蚝油、精盐、味精、胡椒粉及芫荽头一把，烧开后用慢火炖一小时。洗净炒鼎热油，投入蒜头片10克、湿菇丝10克，略炒出香味，倒入炖好的鲨鱼皮及原汤，勾薄糊，装入小碗，撒上火腿末即成。上桌时同时上浙醋、芫荽各两小碟。

“红炖鲨鱼皮”因其原料较腥，所以在烹制时需调入适量胡椒粉，这是与“红炖鱼翅”不同的地方。

红腰豆烧海参

“红腰豆烧海参”这款新派潮州菜，在配料上采用美国红腰豆，而海参的炆制基本上还是运用传统潮州菜的制法，这样既保留传统潮州菜“红炆海参”的特点，而在造型、口味上更增添一点别致的韵味。

该菜的制法是，红腰豆焯水后，平铺在鲍鱼盘上；取水发海参500克，放入煲中和猪蹄一只、老鸡半只、赤肉500克、排骨500克、元贝两粒、虾米50克、猪皮适量，加水烧开后慢火炆一小时，调入老抽、精盐。把炖好的海参切成长10厘米、宽5厘米的长方形小块，放六成热的油锅中略为走油，放在鲍鱼盘中。炆海参的原汤勾薄糊后淋上即成。

红腰豆烧海参　制作者：潮州市迎宾馆行政总厨马陈忠

绣球干贝

鲜虾500克，去壳后将虾肉打成虾胶，加入盐、味精、胡椒粉、马蹄幼丁（挤干水分）、白肉幼丁，搅匀后，再加入少许蛋白，再搅匀，将虾胶挤成直径约2.5厘米的圆球。

干贝蒸发后挤干水分，搓成细丝，放盘中，将虾胶球在干贝丝上来回滚动，让虾胶球表面粘满干贝丝，再放在抹上食油的盘上，上蒸笼猛火蒸3~4分钟，转放在有围边的彩盘中。洗净炒鼎，倒入少许上汤，调好味，勾薄糊，淋在虾胶球上，每个虾胶球上再撒上少许芹菜末、火腿末、红辣椒末即成。烹制这个菜肴时要注意，虾肉去壳后水分不要挤得太干，以免虾胶球上蒸笼蒸时破裂，其次调味时下盐也要考虑到干贝的咸分，适当少下一点盐，以免太咸。

绣球干贝　制作者：潮州菜名厨师张继辉

南瓜汁烧鲸鱼脑

近年产生的新派潮州菜，除不断改变或吸取外来菜系的制法外，还有一突出特点，就是不断使用外来甚至进口的烹饪原料，用以烹制出各种风味的新派潮州菜，“南瓜汁烧鲸鱼脑”就是这类新派潮州菜中很有代表性的一款。

该菜的制法是，采用进口干货鲸鱼脑125克，将鲸鱼脑放入开水锅中煮滚，然后放活水中漂浸，这过程共三次，均用两天时间。涨发好的鲸鱼脑切四方小丁，用纱布包好放煲中，加老鸡、赤肉、猪脚、火腿、姜、葱、芫荽头、辣椒等，倒入清水烧开后用慢火炆两小时，鲸鱼脑捞起放在汤盆中。用炆鲸鱼脑的原汁加上南瓜汁、杏仁汁，调入蚝油淋在鱼脑上即成。

南瓜汁烧鲸鱼脑　制作者：潮州市迎宾馆行政总厨马陈忠

百花酿鱼鳔

取大小一致的涨发好的鱼鳔100克，切成长约3厘米的小段待用。用虾胶150克，加入马蹄幼丁25克，调入精盐、味精、胡椒粉，顺同一方向将虾胶搅拌至上劲，酿在每个鱼鳔圆筒段中，摆放盘中，上蒸笼猛火蒸约10分钟，取出原汁勾薄糊淋上，每个虾胶面上撒上少许火腿末、芹菜末。上桌时同时上浙醋、芫荽各两碟。

百花酿鱼鳔　制作者：潮州菜名厨师许锡洲

明虾两味

明虾在潮州菜中是一种常见的海产烹饪原料，以明虾为主料的菜肴在传统潮州菜中屡见不鲜，但这款近年推出的新派潮州菜“明虾两

明虾双烹　制作者：潮州菜高级技师刘宗桂

味”，虽然仍然以明虾为主料，却力求在味、形上有所突破。一样的明虾，采用两种不同的烹调方法，虾头炸、虾肉油泡，使食客在一盘菜、一样烹饪原料中，品尝到两种截然不同的风味和口感。

该菜的制法是，明虾切去长须，切下头部。虾头先用姜葱酒腌渍，拍上干粉油炸，然后鼎中下少许油，热葱末、红辣椒末，调入椒

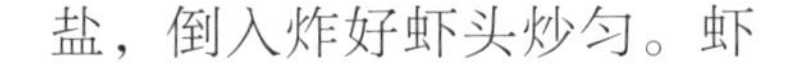

盐，倒入炸好虾头炒匀。虾身剥去虾壳（留下尾壳和尾壳前一节虾壳），在虾腹批刀，姜葱酒腌渍后上浆油泡，然后用虾头和虾身摆彩盘上桌。

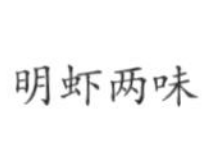

明虾两味

水晶龙虾球

"水晶龙虾球"虽然也是采用生炊的方法，但造型、色泽比生炊龙虾更美观、鲜艳，而且在口味上，因为经过腌制和包上猪膀网，所以更加鲜嫩可口。

该菜的制法是，取800克左右的大龙虾，按生炊大龙虾的方法切好肉，并把龙虾肉切成相等的10块，用姜、葱、酒、精盐、味精、鸡蛋清拌均匀，略腌10分钟.猪膀网切小方块，上面放一小块火腿和芫荽叶，摆成花纹，再放上龙虾肉，包成块状，龙虾肉及龙虾头、尾摆成原状，上蒸笼用旺火炊6~7分钟，用原汁勾薄糊淋上。

水晶龙虾球　制作者：潮州菜高级技师方树光

2004年4月，潮州市代表队参加在北京举行的第五届全国烹饪技术比赛的获奖菜品:水晶龙虾

上汤焗原螺

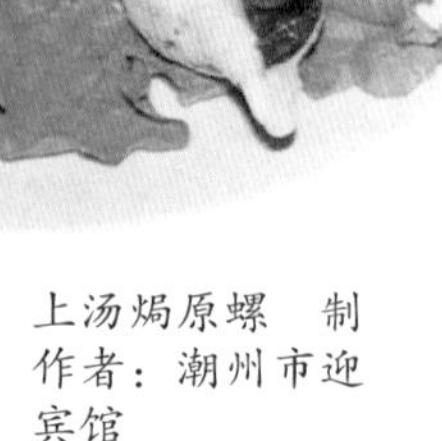

上汤焗原螺　制作者：潮州市迎宾馆

在潮州地区潮州菜酒楼烹制的这款“上汤焗原螺”，主料多采用潮州本地南澳港角螺。制法是取每只约150克的南澳港角螺10只，用刷子清洗干净，放进炊笼炊10分钟，取出用竹签挑出螺肉，螺肉同样用刷子刷洗干净待用；螺壳放入开水锅中，加白醋慢火煮约5分钟，捞出用刷子刷洗表面至螺壳洁白漂亮为止。炒鼎洗净放入优质浓翅汤350克、芫荽头5克、拍裂的姜一块、红辣椒一粒、味精5克、麻油0.5克、老抽5克、精盐少许，放入角螺肉用慢火焗35分钟至螺肉软烂，然后把螺肉放在螺壳内，用原汁勾薄糊淋上。

粉丝炊带子　制作者：潮州菜名厨师张继辉

粉丝炊带子

“粉丝炊带子”为潮州菜中的海鲜类菜肴，在生炊带子的方法上和潮州菜中生炊海鲜的方法大同小异，所不同的是加上粉丝垫底作配料，使带子炊熟后，外形更加饱满，且在炊的过程中，带子的鲜甜味渗入粉丝中，

使配料的粉丝也更鲜甜爽口。这道菜的做法为目前潮州菜酒楼烹制带子的常用方法。

该菜的制法是，先将粉丝用开水泡软切短，捞出用少许精盐搅拌均匀待用；带子取出中间的肉柱洗净，用刀从中间切成两边，两个带子壳用刀修成圆形，每个带子壳上放上粉丝垫底，再放上一块从中间切开的带子肉桩。将蒜茸、精盐、胡椒粉、味精、食用调和油搅拌均匀，放在每块带子肉上上蒸笼猛火炊5分钟即成。

豆酱焗蟹

传统潮州菜中有一味“豆酱焗鸡”，采用普宁豆酱作原料，味道特别香醇，“豆酱焗蟹”沿用其烹调方法加以改进，把主料换成潮州著名海产品大肉蟹，其味道甚佳。

豆酱焗蟹　制作者：潮州市迎宾馆行政总厨马陈忠

“豆酱焗蟹”的制法是，取蒜头300克，剥去蒜头皮，切去头尾，炒鼎洗净下油，把蒜头炒热至金黄色，放在装有一勺油的砂煲中；大肉蟹两只，每只切成4块，洗净，放在蒜头上面；普宁豆腐50克（去水净豆粒）放搅拌机中搅成酱，调入适量味精，均匀地淋在每块蟹肉上，盖上砂煲盖，用慢火焗6分钟左右即成。

该菜的特点是蒜头、蟹肉均有豆酱的浓香味。

粉丝蟹肉煲

取大肉蟹一只，洗净斩块，略拍干粉，放油鼎中炸至金黄色；炒鼎洗净，放少许川椒粒，用小火炒至出香味，再倒入两勺半上汤，略煮，用密漏勺把上汤过滤备用。炒鼎洗净放炉上烧热，下少许油，放入姜丝、湿香菇丝、红辣椒丝略炒出香味，倒入过滤好的上汤，放入炸好的蟹肉，调入盐、味精、胡椒粉略煮，把蟹肉捞出，再放入已用开水浸软的粉丝，略煮，转倒入底部垫有白肉片的煲内。粉丝上面再用蟹肉摆成蟹形，加盖，放炉火上烧至热气上升即可。

“粉丝蟹肉煲”的汤水不能太多，上桌时汤水应是似有似无，这样才能使该菜肴产生浓香的气味。

豉油王焗方虾蛄

虾蛄为潮州地区沿海特有海产品，潮州民众食用虾蛄多采用焯、炆、焗、炊等法。“豉油王焗方虾蛄”虽然也采用这些方法，但在制

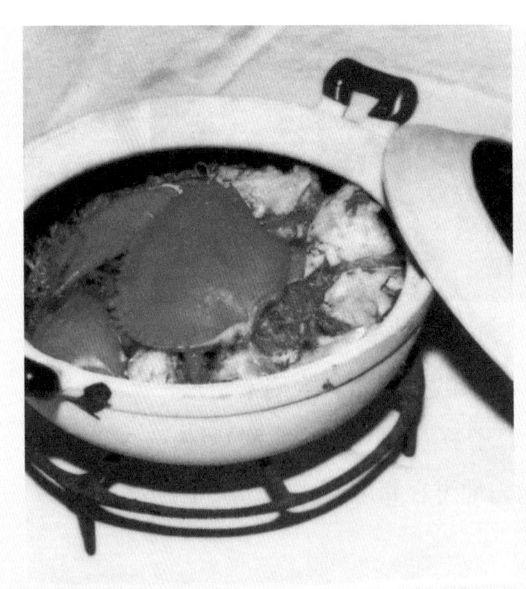

粉丝蟹肉煲

豉油王焗方虾蛄

法上却有独特之处，特别是这道菜将虾蛄壳剪去，既使虾蛄肉入味，又方便了食客的食用。

该菜的制法是，取肥大虾蛄10只，炒鼎中放入水、姜、葱、酒，将虾蛄焯熟，捞起用剪刀从虾蛄壳中间剪开去壳，把拆出的虾蛄肉拍上干粉，下油锅中炸熟，待用。炒鼎洗净，放入适量上汤，调入老抽3钱、蒸鱼豉油王5钱、生抽5钱、味精适量，放入炸好的虾蛄肉用慢火焗约3分钟，勾薄糊，调入适量鸡油，颠翻均匀，即可装盘。

盐焗虾

“盐焗鸡”原是广东东江一道著名的传统菜，其制法是将宰杀好的嫩母鸡洗净，用调味料腌制，再用丝绵纸包裹好，埋入炒热的粗海盐中焗熟。该菜的特点是由于原料用绵纸包裹紧密，故烹制出来的鸡原汁原味中透出一股特别的咸香味，引人垂涎，且营养丰富，对身体有滋补作用。

潮州菜厨师在长期的烹饪实践中，吸取了东江菜“盐焗”这一特

盐焗虾　制作者：潮州菜大师叶飞

别的烹调方法，用以创制出一些新派潮州菜，“盐焗虾”便是其中较成功的一例。

“盐焗虾”的制法是，取大草虾12只，去掉虾脚和头部的虾须，用盐焗粉腌制一小时，再用竹签穿好，包上盐焗纸待用。粗粒的大海盐放鼎里炒热，埋入包好的虾用慢火焗约10分钟至熟透即成。

盐焗水鱼

“盐焗水鱼”和“盐焗虾”有异曲同工之妙，同为用“盐焗”的烹调方法，但在具体制法上又有所不同，所以又有不同的风味。

“盐焗水鱼”的制法是，取水鱼一只约600克，宰杀干净后斩成小块，焯水洗净，用20克盐焗鸡粉、适量花生酱、蚝油、芫荽头末腌10分钟待用；去皮马铃薯400克切成块，放油锅中炸至金黄色。取锡纸一张铺开，上面再铺放一张鲜荷叶，荷叶上面铺放炸好的马铃薯，把腌好的水鱼块铺平放在马铃薯块上面，上蒸笼蒸约10分钟取出，将水鱼块、马铃薯块用锡纸包裹紧。把粗海盐4斤放鼎中炒热，放入砂煲，埋入锡纸包焗10分钟即成。上桌时拨开粗盐，打开锡纸取出水鱼。

盐焗水鱼

柠檬焗雪鱼　制作者：潮州菜大师叶飞

柠檬焗鳕鱼

“柠檬焗鳕鱼”采用“焗”的烹调方法，其制法是取银鳕鱼300克，下炒鼎煎至八成熟取出待用。炒鼎下柠檬汁20克、牛油20克、鲜奶50克、盐、糖、葱段、红辣椒片、上汤各少许煮开，再下煎好的鳕鱼用慢火焗20分钟装盘，原汁勾糊淋上即可。

干炸虾饼

“干炸虾饼”以其香酥鲜甜而闻名，其制法是用面粉、生粉、葱花加水调成浆，调入盐、味精；特制的长条浅底金属盏，抹上薄薄的食用油，倒入粉浆。大小适中的沙虾用姜葱酒腌渍后，整齐地排放在粉浆上面，然后连同金属盏一起放入油锅中炸至金黄色，捞起倒出虾饼。

干炸虾饼　制作者：潮州市饶平海龙酒家

巧烧鲜鱿

潮州菜中最常见的以鲜鱿为主料的菜肴就是“炒麦穗花鱿”，也有人把鲜鱿切薄片花刀后作为打边炉的材料。“巧烧鱿鱼”这一新派潮州菜，其特点就是突出制法上的“巧”。制法是取短小的鲜鱿，去头须、外膜、内脏，切成约一寸长的圆筒形，然后在圆筒形的鲜鱿一边等距离地切五刀，但不要切断，然后抹老抽上色，放油锅中炸至金黄色，形如一朵美丽的小花，摆放盘中，花心中间放一红色车厘子。

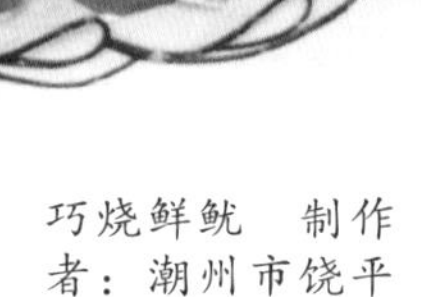

巧烧鲜鱿　制作者：潮州市饶平海龙酒家

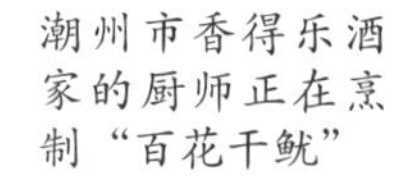

潮州市香得乐酒家的厨师正在烹制“百花干鱿”

百花干鱿

“百花干鱿”是潮州菜厨师在近几年创制出来的一款新派潮州菜，“百花”也即虾胶，这道菜制法独特，香爽可口，很受人们欢迎。

该菜的制法是，取干鱿鱼一个约100克，用酒精炉烘烤至熟，取出放在砧板上，用菜刀背反复捶打至整个鱿鱼身松软，待用。取新鲜虾仁150克洗净拍打成虾胶，加入剁幼马蹄25克、白肉幼丁25克，调入精盐、

味精、胡椒粉，顺同一方向搅拌至起胶，均匀地酿铺在捶打好的干鱿鱼身上，再下五成热的油锅中炸至金黄色，捞起切块摆盘即可。

明炉乌鱼

明炉乌鱼是潮州菜吸取粤菜明炉的烹制方法，采用潮州著名海产品乌鱼烹制而成的一款创新潮州菜。这道菜创制于1994年前后，随即以其制法新颖、味道鲜美而风靡一时。

该菜的制法是，取鲜活乌鱼一条，宰杀干净，用少许精盐擦鱼身内外，鱼盘垫葱白两条，乌鱼放葱白上，上蒸笼炊熟，转放入特制的金属鱼形盘。炒鼎洗净，放炉上热油，投入姜丝、湿香菇丝、赤肉丝、红辣椒丝炒香，加入两勺上汤，调入盐、味精、胡椒粉、酸梅泥（即将酸梅去核，放砧板上压成泥）、白糖略煮，倒在鱼身上，撒上葱丝，放在特制的固体酒精炉上煮开，连炉一起上桌。

烹制这道菜时，可在金属盘两边摆上两排西柠檬片，也可用石斑鱼、鲈鱼、桂花鱼等其他鱼类烹制。

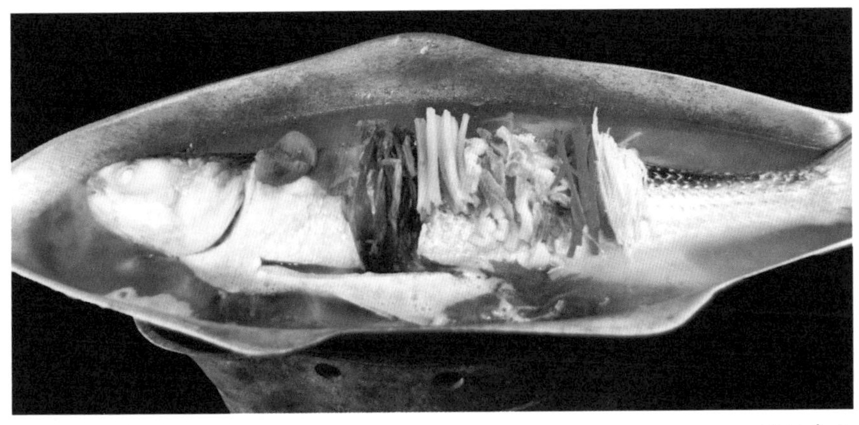

明炉乌鱼

椒盐尔仔

潮州人把小个的鲜鱿鱼称为“尔仔”，“椒盐尔仔”便是以尔仔作主料烹制的。制法是取尔仔400克，宰杀洗净后晾干水分，拍上干

椒盐尔仔　制作者：法国籍潮州菜厨师周水健

粉后下六成热的油锅炸至金黄色。炒鼎洗净热油，调入适量的椒盐、辣椒油、味精、鸡精，放入炸好的尔仔，颠炒均匀即成。

茶香鸡

茶香鸡　制作者：潮安县真美美食品集团有限公司

"茶香鸡"以其色佳味浓、熏香浓郁、油而不腻、风味独特而饮誉海内外。制法是将鸡宰杀去净内脏，清洗晾干，将精盐、味精、白糖搅拌均匀，擦匀光鸡体内外，腌约两小时；将茶叶、八角、草果仁、花椒、肉蔻、丁香、砂仁各适量，置于一纱袋中扎紧，放入清水锅中，加入精

茶香琵琶腿

茶香凤翅

盐、生姜、味精，旺火烧开后，慢火熬煮30分钟作为卤水待用。将腌好的鸡放入卤水锅中，旺火煮5分钟后，改用微火焖煮25分钟，至鸡熟透入味捞起，在捞起前锅里要烹入适量绍酒。取平底锅一只，放入茶叶和白糖，上放一竹架或铁架，将煮好的鸡放架上，用大火烧至茶叶冒棕红色烟，熏至鸡呈金黄色，晾凉，鸡身抹上一层芝麻油，食用时斩件砌回原形。

该菜的特点是色泽金黄，具有浓郁的茶香味，且肉质鲜嫩爽口。

腐皮竹节鸭

“腐皮竹节鸭”是一款历史悠久，或者说是遵古法制的传统潮州菜。制法是将潮州卤水鸭肉撕成丝，竹笋、湿香菇、葱白均切成丝，和鸭丝放在一起，调入味精、胡椒粉搅拌均匀，再加入蛋白、生粉，继续搅拌成馅。用腐皮把馅卷成长条形，用咸水草扎成竹节状，上蒸笼炊后斜刀切块，摆落碗中，

腐皮竹节鸭　制作者：潮州菜名厨师陈茂渠

上面放焯好的西兰花，再上蒸笼炊5分钟左右，倒扣圆盘中，滤出原汁，勾糊淋上，用炆好的香菇点缀其上。

铁板羊肉串

羊肉切片，用姜、葱、酒、味精、盐略腌，再调入叉烧酱，拍干粉，和马蹄片、洋葱片、青椒片一起用竹签穿起来，整串放入油锅炸熟。铁板烧好，放上炸好的羊肉串，炒鼎洗净下油，加上汤，调入蚝油、味精，勾糊淋在铁板上的羊肉串上。

铁板羊肉串　制作者：潮州菜名厨师陈镇亮

翠绿八卦筒

“翠绿八卦筒”在新派潮州菜中属素菜类，制法简单，造型美观。制法是芦笋（或青菜茎）切段，用上汤焯熟，整齐地排放在外围，醉好香菇排放第二圈，中间放萝卜花，隔断芦笋的钉形红萝卜段，同样用上汤焯熟。

翠绿八卦筒

奇瓜扣肉

“奇瓜扣肉”是吸取东江菜“扣肉”的做法而加以改进的，特别是在造型上，用一小南瓜盛装扣肉，外形新颖别致，且扣肉还增添瓜果的清香味，肥而不腻，十分惹人喜爱。

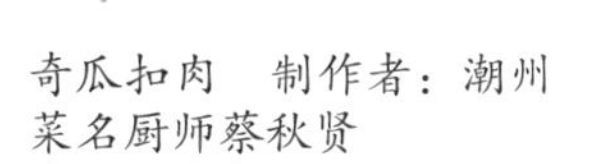
奇瓜扣肉　制作者：潮州菜名厨师蔡秋贤

该菜的制法是，取五花猪肉400克，连皮下油鼎炸至金黄色，取出切成长4厘米、宽3厘米的厚片，放入锅中，调入蒜头5粒、葱2条、芫荽头一小把、鲽（铁）脯一块、火腿50克、二汤1000克、蚝油、白糖适量，旺火烧开后小火炆40分钟，取出猪肉待用。取一直径约10厘米的圆形小南瓜，用雕刀切出顶部作盖，挖出瓜瓤，放入开水锅中焯水两分钟，把炆好的猪肉肉皮朝上，整齐排放瓜中，倒入原汁，上蒸笼蒸约15分钟，取出原汁勾糊淋上即成。

王板咸蛋

“王板咸蛋”的制法较简单，但构思新颖，富有新意。制法是取黄瓜（或冬瓜）一条，去皮切成长3厘米、宽1.5厘米、厚0.5厘米的长方形块状12块，咸蛋仁12粒压扁，放在黄瓜块中间，上蒸笼蒸约10分钟，取出勾薄糊（芡汁中撒上红辣椒末、葱末）淋上即成。

王板咸卵

韩江白菜包

“韩江白菜包”这一新派潮州菜，是在传统潮州菜“寸金白菜”“绣球白菜”的基础上加以改进而创新出来的，它既有传统潮州菜风味特点，在用料、口味、造型等方面又有新意。它的制法是取蟹柳、鲜鱿、鲜虾仁、香菇丁、白菜茎、红萝卜、芹菜茎，全部加工切成幼丁，炒熟，调味，勾糊成馅待用；取大白菜叶12张，焯水后漂凉水，把已制成的馅包成直径约3厘米的球状小包，上蒸笼蒸6分钟，倒出原汁勾薄糊淋上即成。

碧玉海皇包

“碧玉海皇包”可以说和传统潮州菜“寸金白菜”在制法上一脉相承，只是在制法和原料上越来越精巧。

“碧玉海皇包”的制法是，取虾仁50克、干贝丝30克、赤肉丝30克、笋丝30克、蟹柳丝30克、芹菜丝、红萝卜丝、红辣椒丝、芫荽各

韩江白菜包

碧玉海皇包

适量，放入炒鼎略炒，调入精盐、味精、胡椒粉，勾薄糊，分成12粒馅，待用。取大白菜叶12张，放开水锅中烫软后漂凉水，把12粒肉馅包成12粒圆球形，上蒸笼蒸5分钟，取出勾薄糊淋上即成。

三丝烙

用各种瓜果切成丝，调入生粉、白糖、炸花生茸等，烙成饼状，是近年来潮州菜中很具代表性的一款新派潮州菜。这类新派潮州菜因为主料均为各种瓜果，故属素菜类，具有清甜嫩滑的特点，很受客人欢迎，几乎每个潮州菜馆均有烹制这类菜肴，诸如“秋瓜烙”“冬瓜烙”“南瓜烙”“马蹄烙”等。

三丝烙　制作者：潮州菜名厨师谢小明

“三丝烙”是这类菜中较特殊的一种，在制法、口感等方面都有不同的特点。制法是取南瓜、芋头、番薯切成细丝，调入生粉、白糖、炸花生、冬瓜册各剁碎，搅拌均匀，铺放均匀放入鼎中，略烙至成饼状，再倒入多量的油，炸至酥脆即成。

燕子归巢

“燕子归巢”是一道色、香、味、形俱佳，讲究造型的新派潮州菜。菜肴造型生动逼真，口味鲜美爽口。“燕子”的做法是，取中等大小的明虾，切去头部，去掉虾壳，留下尾壳和尾部第一节虾

燕子归巢　制作者：潮州菜名厨师陈茂渠

壳，用刀在虾身腹部切开，去虾肠并把虾身略拍平；另将虾胶酿在虾身上，成燕子形，虾尾作燕尾。燕子目用豆豉酿上，插上肉脯作翅膀，红辣椒作燕嘴，燕背垫上发菜。炸好的雀巢内放上“五彩夏威夷果仁”，配料有鲜贝、青椒粒、红辣椒粒、湿香菇、红萝卜丁等。燕子上蒸笼蒸熟，围放在雀巢四周，上汤勾薄芡淋上。

石榴贝崧

“石榴贝崧”是根据传统潮州菜“石榴鸡球”而演变出来的创新潮州菜，在制法上和“石榴鸡球”完全一样，只是在馅料上有所不同。首先是制作“石榴贝崧”的皮，用蛋白调入湿粉水，搅拌均匀，用不粘鼎烧烘成直径约10厘米的皮。它的馅料是萝卜丁、干贝丝、芹菜末、香菇末、红辣椒末，调入味精、盐（盐少许即可，因干贝丝本身有

石榴贝崧　制作者：潮州菜名厨师章文钊

咸味）、胡椒粉，加少许蛋清搅拌均匀。用皮包成直径约3厘米的球状，用烫软的芹菜丝扎好包口，放盘中上蒸笼蒸约3分钟，原汁勾琉璃糊淋上。

金笋豆腐酥

“金笋豆腐酥”是近年来新出现的一款新派潮州菜，其特点是色泽金黄，外酥内嫩，味道清香。制法是取嫩豆腐三块放砧板上用刀压碎，用纱布包好挤干水分，加入虾胶50克、马蹄20克（切碎）、蛋清一个，火腿末、芹菜末、红辣椒末各少许，调入适量精盐、味精、胡椒粉，搅拌均匀做成长3厘米、宽1.5厘米的长方形小块，上蒸笼蒸5分钟取出待用。红萝卜250克用搅拌机搅成浆，调入香炸粉75克，加适量水调成红色粉糊，把蒸好的豆腐块挂糊入油鼎炸至金黄色即成。上桌时同时上橘油两小碟。

金笋豆腐酥

莲花豆腐

“莲花豆腐”是近年出现的新派潮州菜，其取新鲜莲叶制作，外形洁白，味道清香，嫩滑爽口，莲香浓郁，是夏季适时佳肴。用料：嫩豆腐三块约300克，赤肉末50克，虾胶50克，火腿末少许，精盐、

莲花豆腐　制作者：潮州菜名厨师蔡秋贤

味精、胡椒粉适量。制法：嫩豆腐压碎，用洁净纱布挤去水分，和以上配料一起搅拌均匀，做成12粒莲花瓣形，分别放在12张剪成同样形状大小的鲜莲叶上，上蒸笼蒸5分钟，原汁勾薄糊淋上即成。

椰汁黑珍珠

“椰汁黑珍珠”是一款创新的潮州菜甜菜。潮州菜中甜菜的特点是用料广泛，蔬菜、水果、干货都可用作烹制甜菜的原料，“椰汁黑珍珠”也同样具有这一特色，它的主要原料是北方的黑糯米和海南的椰子酱。制法是用黑糯米250克，加清水用慢火熬至烂透，下白糖

椰汁黑珍珠　制作者：月眉湾菜馆

250克、椰子酱150克，搅拌均匀即成。该甜品于糯香中渗出清淡的椰香，别具风味。

三 潮州菜名小食点心

糯米猪肠

糯米猪肠为潮州传统民间小食，历史悠久。

其制法是取猪肠中段，直径约3~4厘米，不能太粗也不能太细，用盐、食用纯碱等反复搓洗至干净无异味。生糯米放水中浸3小时，五花猪肉、水发香菇、虾米、莲子全部切成小粒，和糯米一起拌匀，调入酱油、味精、胡椒粉，然后装入洗好的猪肠中（不能装太满，约八分满即可），头尾用小竹签扎紧，放开水锅里中火煮约40分钟，捞出横切成小块，蘸红豉油进食。

该小食一年四季食用均宜。

糯米猪肠

蚝烙

蚝烙是潮州久负盛名的传统民间小食。“蚝烙”实际上是“蚝煎”，因潮州“烙”实际上是“煎”。

潮州路边小食摊正在烹制蚝烙

蚝烙的主要原料是潮州盛产的海产品蚝，而蚝在潮州每年农历九月到第二年农历三月是盛产期，故这段时间也是吃蚝烙的最好季节。

其传统做法是，先热平底鼎放入油，放下葱花炒出香味，再把生粉水均匀地倒下，煎成圆饼形，约有一厘米厚，至生粉水刚熟成形，即把蛋浆均匀淋上，再在上面放蚝（用粉水上浆）、腊肉丁等，略

蚝烙　制作者：点心大师郭丽文

煎，用锅铲切成四角，从鼎边再加入猪膀，翻过来继续煎至外香脆、内嫩滑。

“蚝烙”一直是潮州人民喜爱的民间小食。

牛肉丸

牛肉丸是潮州最为大众化的民间小食和食品，它既可作为点心小食，也可作为一道汤菜上筵席。

抗战前，曾有一外江人在潮州南门外卖牛肉丸汤，价钱便宜，又特别好吃。牛肉丸蘸沙茶酱口感爽脆，同时汤也特别鲜甜。后来这外江人把这牛肉丸的制法传给一个土名叫和尚、真名叫叶燕青的人，叶燕青后来所卖的牛肉丸在潮州也特别有名。

其制法是选取牛腿肉，切小块，放在砧板上，手执双铁棒，轮流擂打（要用力打，打工有力无力关系极大），一直打成肉酱，调入盐、味精、生粉，用手挤成玻璃球大小的丸，放入将煮开的虾目水中，至牛肉丸浮出水面即可。

烹制牛肉丸汤，碗底要调入蒜头膀、芹菜粒，汤水要采用上汤，酱碟为沙茶酱或红辣椒酱。

牛肉丸

鼠曲粿

鼠曲粿为潮州民间传统受欢迎的地方小食。在潮州民间，逢年过节，祭拜祖先，都离不开鼠曲粿。

其粿皮选用糯米粉，调入猪油及在田间野生的鼠曲草熬成的汤汁精制，用粿皮包上芋泥、豆沙等馅料，再用圆形或桃形木制粿印印制，然后放上蒸笼蒸熟。

鼠曲粿　制作者：点心大师郭丽文

鼠曲粿颜色深绿，柔软香甜，散发着天然鼠曲草的香味，具有浓郁的潮州地方特色。

春饼

春饼为潮州传统名小食，是由潮州古代民间小食“薄饼卷炸浮虾”演变而来的。清代以前，在潮州大街小巷盛行着一种小食“薄饼卷炸浮虾”，即用薄饼皮卷着炸香的小虾，蘸甜酱吃。到了清代末年，这种小食的馅由炸虾改进为菜头丁（萝卜丁）加猪肉丁。到了1911年，潮州名店“胡荣泉”的创始人胡荣顺、胡江泉两兄弟在此基础上，又把这种小食改进为一直流传到今天的潮州春饼。

春饼

春饼制作难度最大当为制薄饼皮。其皮制法为面粉加上等量的水，揉成面团，然后鼎洗净放薄油，把揉好的面团在鼎中刷一圈，刷上薄薄一层湿面粉，再把鼎在火上慢慢悠转，烘干成直径22厘米的圆薄饼皮。春饼的馅为绿豆瓣（潮州方言，即去皮绿豆片）、蒜白（即大蒜靠头部白色部分，切成幼丁）、香菇、虾米等，都切成幼丁，调入鱼露、味精，用薄饼皮包成约10厘米长的条状，炸至金黄色即成，特点是皮酥脆馅香。

鸭母捻

鸭母捻为潮州传统名小食，首创于清代初年，原名为“糯米汤丸”，现以潮州市传统名店“胡荣泉”制作的鸭母捻最为正宗。

潮州名小食“鸭母捻”
制作者：潮州美食城

鸭母捻类似北方的汤圆，制作要求严格。其皮要选用正暹糯（即泰国糯米）放水中浸两小时，然后用石磨磨两次，第一次磨毕放桶中，第二次磨完后就要压干，揉皮时再加水，这样制成的皮就十分软滑。鸭母捻的馅有四种，即绿豆沙、红豆沙、芋泥、芝麻糖，每粒的馅约2钱半。鸭母捻放白糖水中煮至浮上水面即熟。传统卖鸭母捻每碗三粒，每粒的馅各不相同，为区分每粒馅的不同，在包的时候不同馅的鸭母捻形状各异，如有的形状略圆、有的略尖等，各有记号。

为什么这小食名为“鸭母捻”，有两种解释：一种是这种汤圆过去形状大如鸭蛋，鸭蛋潮州话又叫鸭卵，故称为鸭母捻；另一种是这汤圆煮熟浮于水面，如白母鸭浮游于水面，故称为鸭母捻。

鸭母捻的特点是形状洁白如去皮荔枝，清香软滑，煮得恰到火候的好吃，煮得过熟的也好吃，各有特色。

现在制作鸭母捻，因有现成的机制糯米粉，故比过去方便得多，不用手工磨糯米粉。

笋粿

潮州笋粿　制作者：潮州菜高级技师卢银华

潮州地区盛产竹笋，笋粿这味潮州民间小食便是以竹笋为主要原料。

制作笋粿的关键是制作粿皮。其皮制法是将大米磨成粉浆，放炊笼中炊熟，再加开水揉至柔软，推成圆条形，捏成小块，用面棍推成圆形粿皮。在制粿皮时，可适当加点油，使粿皮较柔软。笋粿的馅是竹笋、猪肉、香菇、虾米（均切成幼丁），调进盐、味精、胡椒粉、蒜头（其中味精、胡椒粉要适当加量）。然后将馅放在粿皮中间，包起来即成。

笋粿包好后放炊笼蒸熟即可进食，也有放油鼎煎至两面金黄才装盘进食者，食用时传统要蘸浙醋。

笋粿因主要原料是春笋，故这味小食有较强的季节性，一般都在潮州盛产春笋的5月、6月上市。

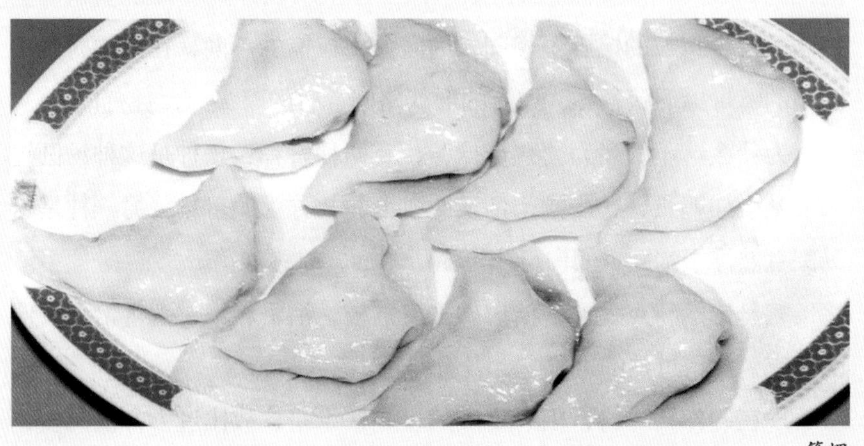
笋粿

后记

我出生于潮州古城，几十年的时间过去了，幼年时许多事情都随着岁月的流逝而渐渐淡忘，唯独孩提时贪婪地吃草粿、鼠曲粿、菜头粿等各种潮州小食，那情景、那滋味至今还清晰地留在脑海里。

后来，我从事潮州菜的教学、研究和实践，随着对家乡这种饮食文化的深入探索和了解，才发现与人们息息相关的潮州饮食文化，是那样博大精深，融古通今，它植根于千家万户，是潮州人民千百年来在这片广袤的潮州平原上共同创造出来的文化瑰宝。我想，这就是自小到大，从那不起眼的小食到那可登大雅之堂的潮州菜对我具有那么大魅力的原因所在。

我原是学中文的，后来却转行从事潮州菜的教学和实践，这和我父亲对我的影响不无关系。我的父亲许志修，是原广东师范学院中文系教授，一生十分简朴，每月工资大部分都用于买书，在我记忆中，父亲一直到逝世前，家中还没有一件像样的家具，穿着都是粗布料的服装。但父亲唯独对饮食很有兴趣，每次上课回来，总是提着一袋从市场买来的“烧猪”“烧鹅”之类的菜肴。每逢有空闲时间，父亲也会亲自下厨，做一两款“南瓜芋泥”“红烧猪肉”之类的菜肴。那时候我读初中，我想父亲那么有学问，尚且对饮食那么感兴趣，这其中必定有什么深奥微妙的东西。有一次我看到邻居家中有一本《大众菜谱》，便照着里面的原料、制法，做了一款“炒虾仁”，没想到父亲吃后，竟十分高兴地说：“唔，是有点酒楼味”。第一次做菜便得到父亲的夸奖，那时候，心中感到十分得意。

潮州菜是潮州文化的重要组成部分，近二三十年来，潮州菜以其鲜明的特色、浓郁的乡土气息飘香祖国大江南北、风靡世界、饮誉全球，这正说明潮州菜具有极其丰富的文化内涵。近年来，社会上出版了多种版本的潮州菜谱，但能够将潮州菜作为饮食文化体系，全面而系统地进行探索研究和介绍的著作却极其少见。而这样的著作，对于继承和弘扬潮州饮食文化，揭示潮州菜深受欢迎的原因，让人们真正地认识潮州菜，是非常重要的。基于这一点，多年来，我便在心中酝酿着要完成这样一部著作的想法。

我从1996年7月开始写作，于2000年底脱稿，取名“潮州菜”以后又多次修订再版，出版精装本。2020年开始，中共潮州市委宣传部启动编撰《潮州文化丛书》这一大型文化工程，把《潮州菜》作为《潮州文化丛书·第一辑》的组成部分。《潮州菜》这部著作得以在以前的基础上，补充、修订，又一次重新出版。

从1996年开始写作，到今天的又一次出版，二十多年时间里，我遍访了无数潮州菜名厨老前辈，足迹踏遍潮州地区的渔村渔港、山区农村，潮州菜各大名酒家菜馆。在写作过程中，得到了许多潮州菜烹饪界的同行和朋友的鼓励，支持和帮助，特别是潮州菜老前辈林臣、王惠亮、胡炳均几位老师傅，还有潮州菜技高艺精的名厨师郑著阳、方树光、刘宗桂，叶飞、郭丽文、翁泳、黄武营、卢银华、余庆贵、黄霖、王鸿鑫、刘润钊，以及潮州菜调味品制作名师傅徐启文、潮安区庵埠声乐大酒店原总经理莫少浓，潮州市颐陶轩潮州窑博物馆李炳炎馆长，广州市金成潮州酒楼金成潮菜博物馆董事长罗钦盛，新加坡潮州菜发记酒楼李长豪总经理，潮州市韩愈纪念馆李春馆长、为本书写作提供了许多资料和宝贵意见，特别是饶平县著名摄影家邓建忠先生，不辞辛苦，为本书拍摄了大量资料图片，汕头市摄影家协会原副主席、著名摄影家韩荣华先生，为本书的写作提供了宝贵的图片，在此一并表示最衷心的谢意。最后还要提上一笔的是，我在写作本书的时候，曾到广州拜访我国潮州菜一代名厨朱彪初老师傅。朱师傅当时已重病在身，得知我要写作这样一部书，除给予热情指导外，还把他几十年积累的一本笔记和几十张珍贵照片交给我，更使我终生铭感于心。

由于本书内容涉及面广，加上本人水平所限，疏漏之处在所难免，敬请行家提出宝贵意见。

许永强

2021年4月于潮州